ALLES, WAS SIE ÜBER **RAY DALIO: PRINCIPLES** WISSEN MÜSSEN

EINE ZUSAMMENFASSUNG VON ALLEN CHENG

Die Originalausgabe erschien unter dem Titel
PDF summary of Principles by Ray Dalio

Interview mit Ray Dalio aus:
Magier der Märkte: Next Generation: Teil 1: Die Makro-Gurus
Copyright der deutschen Ausgabe 2013:
© Börsenmedien AG, Kulmbach
ISBN 978-3-86470-095-8

Copyright der deutschen Ausgabe 2019:
© Börsenmedien AG, Kulmbach

3. Auflage 2022

Übersetzung: Börsenmedien AG
Lektorat: Egbert Neumüller
Druck: CPI books GmbH, Leck

ISBN 978-3-86470-653-0

Bibliografische Information der Deutschen Nationalbibliothek:
Die Deutsche Nationalbibliothek verzeichnet diese Publikation in der Deutschen Nationalbibliografie; detaillierte bibliografische Daten sind im Internet über <http://dnb.d-nb.de> abrufbar.

BÖRSEN MEDIEN
AKTIENGESELLSCHAFT

Postfach 1449 • 95305 Kulmbach
Tel: +49 9221 9051-0 • Fax: +49 9221 9051-4444
E-Mail: buecher@boersenmedien.de
www.plassen.de
www.facebook.com/plassenverlag
www.instagram.com/plassen_buchverlage

ALLEN CHENG

ALLES, WAS SIE ÜBER RAY DALIO: PRINCIPLES WISSEN MÜSSEN

EINE ZUSAMMENFASSUNG DER 21 PRINZIPIEN DES #1-*NEW YORK TIMES*-BESTSELLERS

PLASSEN
VERLAG

INHALT

Vorwort

Wenn in Finanzkreisen von Ray Dalio die Rede ist, ist die Stimmungslage gemischt. Ein gewisser Argwohn mischt sich mit einem hohen Maß an Ehrfurcht. Argwohn, weil Ray Dalio das ist, was er ist: ein Hedgefonds-Manager, der mit anderer Leute Geld Geld verdient. Viel Geld, denn er zählt mit einem geschätzten Vermögen von 17 Milliarden Dollar zu den reichsten Amerikanern. Spätestens seit der ehemalige SPD-Chef Franz Müntefering 2005 eine Kapitalismusdebatte vom Zaun gebrochen hat, hängt dem Beruf des Hedgefonds-Managers der Malus der gefräßigen „Heuschrecke" an. Wobei das Bild im Falle von Dalio nicht passt: Mehr als die Hälfte seines Milliardenvermögens will Dalio für wohltätige Zwecke spenden, ähnlich wie Microsoft-Gründer Bill Gates und Investmentlegende Warren Buffett. Er gilt auch als bescheiden, als jemand, der lieber zum Fischen nach Kanada fährt als zu Millionärspartys auf Long Island.

Daher schwingt vor allem Ehrfurcht mit. Das ist schon allein daran ersichtlich, welche Aufmerksamkeit er mit dem erregt, was er sagt oder tut. Zum Beispiel als Dalio mit dem von ihm im jungen Alter von 26 Jahren gegründeten Hedgefonds Bridgewater Anfang 2018 im großen Stil auf fallende Kurse in Europa und insbesondere in Deutschland setzte. Bei DAX-Aktien mit teils hohem Indexgewicht wie Siemens, Allianz, BASF oder SAP positionierte er sich short. Das Ergebnis ist bekannt: Der DAX startete eine Talfahrt, der 69-Jährige, der rund 160 Milliarden Dollar verwaltet, lag einmal mehr goldrichtig. Das gilt sowohl für das Jahr 2018 als auch historisch. 2018, wohlgemerkt ein für Geldanleger lausiges Jahr, brachte es Bridgewater mit seinem Flaggschiff-Portfolio Pure Alpha auf eine Performance von 14,6 Prozent. Seit der Firmengründung konnte Dalio das Vermögen seiner Kunden um weit über 50 Milliarden Dollar mehren. Eine Performance, mit der wohl kein anderer Hedgefonds mithalten kann. Seit Einführung des Pure-Alpha-Investmentansatzes im Jahr 1991 beträgt die Performance im Schnitt zwölf Prozent pro Jahr.

Trotzdem gilt Dalio als bescheiden und zurückhaltend. Das predigt er auch seinen Mitarbeitern. „Menschen, die eine bestmögliche Entscheidung treffen wollen, sind selten davon überzeugt, dass sie selbst die besten Antworten haben", beschreibt Dalio eines seiner Prinzipien. Davon hat er sogar so viele, dass er damit ein Buch mit 570 Seiten gefüllt und darüber philosophiert hat.

Wenn Sie Dalios Prinzipien durcharbeiten, werden Sie sich immer wieder selbst begegnen. Sie werden feststellen, dass Sie einzelne Prinzipien aus Intuition bereits verinnerlicht haben. Die häufigere Erkenntnis wird jedoch sein, dass Sie erkennen, wie Sie ganz banale Themen im Alltag oder im Beruf falsch angehen und dadurch für Sie nachteilige Entscheidungen treffen, und Sie werden schon beim Lesen darüber nachdenken, manchmal sogar in schmunzelnder Erkenntnis, was Sie besser machen können. Dalios Prinzipien werden Ihnen durch rationale Selbstreflexion die Augen öffnen. Letzteres ist dem Autor ungemein wichtig: „Ich habe meine Prinzipien aufgeschrieben, damit Sie darüber nachdenken, und nicht, damit Sie sie blindlings befolgen", soll Dalio harsch Mitarbeitern entgegenwerfen, die sich dazu nicht ihre eigenen Gedanken machen. Ray Dalio ist eben ein Mann mit Prinzipien, aber kein Prinzipienreiter.

Markus Horntrich,
ehemaliger Chefredakteur Der Aktionär
zur Erstauflage im Jahr 2019

Ray Dalio

Er ist der Gründer von Bridgewater Associates, dem größten Hedgefonds der Welt. In seinem Buch „Principles: Life and Work“ vermittelt Dalio die Leitsätze, die seinen Erfolg und den von Bridgewater ausmachen. „Principles“ ist eine meisterhafte Lektion in Sachen rationales Denken. Das Hauptthema ist, dass das Finden der Wahrheit der beste Weg ist, um Entscheidungen zu treffen, und dass Ego, Emotionen und blinde Flecken einen daran hindern, die Wahrheit zu entdecken. Dalio teilt seine wichtigsten Strategien zur Umgehung dieser Schwächen mit, unter anderem radikale Aufgeschlossenheit, fundierter Widerspruch, radikale Transparenz und auf Glaubwürdigkeit basierende Entscheidungsfindung.

Lesen Sie zur Einführung auf den nächsten Seiten zunächst ein Interview mit Ray Dalio, das der bekannte Branchenexperte Jack Schwager im Rahmen seiner berühmten „Magier der Märkte“-Reihe mit ihm führte.

Dieses Interview erschien in:

Magier der Märkte: Next Generation: Teil 1: Die Makro-Gurus
ISBN 978-3-86470-095-8

Der Mann, der Fehler liebt

RAY DALIO – DAS INTERVIEW

Ray Dalio ist der Gründer, CIO, ehemalige CEO und derzeitige *Mentor* (diesen Titel nahm er im Juli 2011 an) von Bridgewater – dem größten Hedgefonds der Welt. Im Dezember 2011 verwaltete Bridgewater 120 Milliarden Dollar und hatte über 1.400 Mitarbeiter. Bridgewater ist abgesehen von seiner Größe in vielfacher Hinsicht einzigartig:

- Es hat für seine Anleger mehr Geld verdient als je ein anderer Hedgefonds – in den letzten 20 Jahren schätzungsweise 50 Milliarden Dollar.
- Bridgewaters Fonds-Flaggschiff hat zu den traditionellen Märkten eine Korrelation von nahe null.
- Außerdem ist der Flaggschiff-Fonds von Bridgewater auch zu anderen Hedgefonds sehr gering korreliert.
- Der Flaggschiff-Fonds verwendet die relativ seltene Kombination eines fundamental basierten systematischen Ansatzes. (Die meisten Hedgefonds, die fundamental basiert sind, verwenden einen diskretionären Ansatz, und die meisten Hedgefonds, die systematische Methoden verwenden, gründen sie auf technische Eingangsdaten.)
- Bridgewater pflegt eine ungewöhnliche Unternehmenskultur, die Mitarbeiter unabhängig von ihrem Rang zu Kritik ermuntert.

- Fast das gesamte Geschäft von Bridgewater ist institutionell (95 Prozent institutionell, fünf Prozent Dachfonds).
- Bridgewater gehört zu der kleinen Minderheit derjenigen Fonds, die eine über 20 Jahre reichende Ergebnisbilanz haben.
- Bridgewater hat als erster Hedgefonds separate Alpha- und Beta-Fonds aufgelegt, die auf Wunsch des Kunden in beliebigen Mischungsverhältnissen miteinander kombiniert werden können.

Die Erfolgsbilanz der Flaggschiff-Strategie von Bridgewater umfasst Managed Accounts und Fonds, wobei beide mit einer Vielzahl von Volatilitätszielen und einer Vielzahl von Devisen traden. Die Strategie mit 18 Prozent Volatilität hat über einen Zeitraum von 20 Jahren eine Nettorendite von 14,8 Prozent (brutto 22,3 Prozent) erzielt, und das bei einer Standardabweichung von 14,6 Prozent (16,0 Prozent bei den Bruttoertragszahlen). Der beeindruckendste Aspekt von Bridgewaters Performance ist die Fähigkeit der Firma, mit einem riesigen verwalteten Vermögen starke Renditen zu erzielen. Dass eine Hedgefonds-Strategie mit 50 Millionen, 500 Millionen oder auch noch mit fünf Milliarden Dollar eine starke Rendite-Risiko-Performance erzielt, ist die eine Sache, aber wenn sie das mit 50 Milliarden Dollar schafft, ist es wirklich erstaunlich. (Die Pure-Alpha-Strategie von Bridgewater verwaltete 2010, als sie ihre höchste Jahresrendite erzielte, rund 50 Milliarden Dollar.)

Ray Dalio denkt in großen Zusammenhängen. Frage: Welches Wort würde am besten Dalios Ansicht über ein Wirtschaftsmodell beschreiben, das auf einer gründlichen Analyse der US-Wirtschaft in den gesamten 67 Jahren nach dem Zweiten Weltkrieg basiert? Antwort: kurzsichtig. Dalio bezeichnet seinen Ansatz als „zeitlos und universell". Er findet, ein Wirtschaftsmodell sollte mehrere Zeiten und Länder umfassen. Bridgewater verwendet ein fundamental basiertes Computermodell, das Trading-Regeln beinhaltet, die sowohl von Dalios Marktbeobachtungen aus vier Jahrzehnten als auch von Bridgewaters Marktanalysen abgeleitet sind, die Hunderte von Jahren zurückreichen und ein breites Spektrum von Industrie- und Schwellenländern umfassen.

Dalio hat seinen Flaggschiff-Fonds „Pure Alpha" genannt, um ihn von der Mehrzahl der Hedgefonds zu unterscheiden, die er in erster Linie als Beta-Vehikel betrachtet. Dalio steht Hedgefonds kritisch gegenüber, die den größten Teil ihrer Rendite aus Beta beziehen, aber auf ihren gesamten Ertrag die bei Hedgefonds anfallenden erhöhten Gebühren kassieren, obwohl der aus dem Beta bezogene Anteil auch durch passive Long-Investments nachgebildet werden kann. Das Beta gibt an, wie sehr sich ein Investment aufgrund der Veränderungen eines Benchmark-Marktes (beispielsweise des S&P 500) verändert. Beta-Erträge sind im Prinzip Erträge, die durch das Eingehen diverser Risiken verdient werden, und zwar meistens des Risikos der Marktrichtung.[1] Alpha bezieht sich im Gegensatz dazu auf Erträge, die auf Geschick basieren und per definitionem nicht mit Markt- oder Risikofaktoren korrelieren. Der Name von Bridgewaters Fonds-Flaggschiff – Pure Alpha – lässt kaum einen Zweifel daran, welchen Typ von Erträgen er anstrebt. Getreu seinem Namen hat der Pure Alpha fast gar keine Korrelation zu Aktien und Festverzinslichen sowie eine sehr geringe Korrelation (0,10) zu Hedgefonds.

Außerdem hat Bridgewater eine auf dem Beta basierende Strategie namens „All Weather" mit dem Ziel, durch einen entsprechend abgestimmten Portfoliomix in verschiedenen Marktumfeldern gute Beta-Renditen einzufahren. Im Jahr 2009 legte Bridgewater den All Weather II auf, eine abgespeckte Version des All Weather, welche die für ein „sicheres" Umfeld gedachten Investments begrenzt, sobald ein Indikator der Firma namens „Depressionsuhr" aktiviert wird.

---

1 Die Entwicklungsrichtung des Marktes ist allerdings nur ein Typ von mehreren Beta-Risiken. Andere Beispiele dafür sind Kreditrisiko, Liquiditätsrisiko und kurzfristiges Volatilitätsrisiko. Beta-Erträge werden durch die Übernahme von Risiken erzielt und man kann sie durch diverse Kombinationen passiver Long-Investments nachbilden. Langfristig gesehen sind Beta-Erträge positiv, weil die Anleger für die Übernahme der Risiken entschädigt werden müssen.

Eine wesentliche Komponente von Dalios analytischer Denkweise ist der Gedanke, dass gleiche Fundamentaldaten unter verschiedenen Umständen und in verschiedenen Umfeldern unterschiedliche Implikationen haben können. Deshalb ist die Kategorisierung ein wichtiges Werkzeug sowohl für die Konzeptualisierung von Problemen als auch für die Lösungsfindung. Ein Beispiel für kategorieorientiertes Denken ist das, was ich als „Quadranten-Konzeptualisierung" bezeichnen würde – zwei Schlüsselfaktoren und zwei Zustände ergeben vier mögliche Bedingungen. Bridgewaters Beta-Fonds mit dem Namen All Weather Fund ist ein Beispiel für diese Denkweise. Der Fonds kombiniert zwei Faktoren – Wachstum und Inflation – mit zwei Zuständen – zunehmend und abnehmend – und macht daraus vier Bedingungen:

1. zunehmendes Wachstum,
2. abnehmendes Wachstum,
3. zunehmende Inflation,
4. abnehmende Inflation.

Diese Aufteilung in vier Kategorien gibt Dalios Ansicht wieder, dass Veränderungen des erwarteten Wachstums und der erwarteten Inflation die Hauptgründe dafür sind, dass gewisse Anlageklassen gut laufen, wenn andere schlecht laufen. Die Strategie des Fonds besteht darin, das Portfolio durch Investments auszubalancieren, die unter allen vier genannten Bedingungen gut laufen. Im Gegensatz dazu sind in den meisten konventionellen Portfolios Anlagen beträchtlich übergewichtet, die in der ersten Kategorie gut laufen (also bei zunehmendem Wachstum), und dies führt zu unausgewogenen Portfolios, die in den anderen Umfeldern möglicherweise schlecht laufen.

Ein anderes Beispiel für die Quadranten-Konzeptualisierung ist die Art, wie Dalio die konjunkturellen Aussichten verschiedener Länderkategorien sieht. Er teilt die Welt in zwei Arten von Ländern ein – Gläubiger und Schuldner – und definiert zwei hauptsächliche unterscheidende Eigenschaften – Länder, die eine eigenständige Geldpolitik betreiben können, und solche, die das nicht können. Somit werden die Länder in vier Gruppen klassifiziert:

1. Schuldnerländer mit eigenständiger Geldpolitik (zum Beispiel die Vereinigten Staaten und Großbritannien),
2. Schuldnerländer ohne eigenständige Geldpolitik (zum Beispiel Griechenland und Portugal),
3. Gläubigerländer mit eigenständiger Geldpolitik (zum Beispiel Brasilien),
4. Gläubigerländer ohne eigenständige Geldpolitik (zum Beispiel China, weil seine Währung an den Dollar gekoppelt ist, was seine Fähigkeit beeinträchtigt, die Zinsen zu erhöhen).

Dalio liebt Fehler, weil er davon überzeugt ist, dass Fehler für Lernerfahrungen sorgen, die als Katalysatoren für Verbesserungen fungieren. Das Konzept, dass Fehler der Weg zum Fortschritt sind, ist eine der Säulen von Dalios Lebensphilosophie und der Unternehmenskultur von Bridgewater. Dalio klingt fast ehrerbietig, wenn er über Fehler spricht:

Ich habe gelernt, dass Fehlern eine unglaubliche Schönheit innewohnt, weil in jeden Fehler ein Rätsel eingebettet ist und ein Juwel, das ich bekommen könnte, wenn ich das Rätsel löse – also ein Prinzip, das ich verwenden könnte, um in Zukunft weniger Fehler zu machen. Ich habe gelernt, dass jeder Fehler wahrscheinlich die Reflexion von etwas ist, das ich falsch gemacht habe (oder andere falsch gemacht haben). Wenn ich also herausfinden kann, was es war, kann ich lernen, effektiver zu sein […]. Die meisten anderen Menschen scheinen zwar zu glauben, dass Fehler etwas Schlechtes sind, ich aber halte Fehler für eine gute Sache, denn ich bin überzeugt, dass man am meisten lernt, indem man Fehler macht und darüber nachdenkt.

Dalio hat seine Lebensphilosophie und seine Managementkonzepte in einem 111-seitigen Dokument namens „Principles“ dargelegt, das die Kultur von Bridgewater definiert und Pflichtlektüre für die Mitarbeiter ist. „Principles“ besteht aus zwei Teilen, dem ersten, den Dalio „Meine grundlegendsten Prinzipien“ nennt, und dem zweiten, einem sich daraus ergebenden Kompendium von 277 Managementregeln. Es überrascht nicht, dass sich viele dieser Managementregeln auf Fehler beziehen. Eine Kostprobe:

- *Erkennen, dass Fehler gut sind, wenn sie einen Lerneffekt haben.*
- *Eine Kultur schaffen, in der es in Ordnung ist, etwas falsch zu machen, aber inakzeptabel, Fehler nicht zu erkennen, zu analysieren und daraus etwas zu lernen.*
- *Wir müssen Fehler ans Tageslicht bringen und sie objektiv analysieren, und deshalb müssen die Manager eine Kultur pflegen, in der dies normal ist, und sie müssen es bestrafen, wenn Fehler vertuscht oder verschleiert werden. Damit wir besser werden, ist es unerlässlich, dass wir sie deutlich machen, eine Diagnose erstellen, uns überlegen, was wir in Zukunft anders machen sollten, und dieses neue Wissen dann in unser Verfahrenshandbuch aufnehmen.*
- *Anerkennen, dass wir auf jeden Fall Fehler machen und Schwächen haben. Das gilt auch für die Menschen in unserer Umgebung und für diejenigen, die für uns arbeiten. Es kommt darauf an, wie sie mit ihnen umgehen. Wenn man Fehler als Lernchancen betrachtet, die schnelle Verbesserungen liefern können, wenn man sie richtig angeht, ist man von ihnen begeistert.*
- *Wenn man nichts dagegen hat, auf dem Weg zum Richtigen auch einmal falschzuliegen, lernt man viel daraus.*

Das Besserwerden durch Fehler ist eines von zwei zentralen Konzepten der „Principles“. Das andere ist die „radikale Transparenz“. Die Mitarbeiter sind aufgefordert, sich äußerst transparent zu verhalten, Unehrlichkeit nicht zu dulden, einander gegenseitig rückhaltlos zu kritisieren und es nicht zuzulassen, dass „die Loyalität der Wahrheit und Offenheit im Wege steht“. Manager werden angewiesen, über Untergebene nur in ihrer Gegenwart zu sprechen. Bei Bridgewater werden so gut wie alle Besprechungen aufgezeichnet und den Mitarbeitern zugänglich gemacht. Dalio lässt kaum einen Zweifel an seinen Auffassungen zum Thema Offenheit und Ehrlichkeit. So heißt es beispielsweise in Managementregel Nummer 11 der „Principles“: „Sage niemals etwas über eine Person, was du ihr nicht auch direkt sagen würdest. Tust du es doch, bist du schleimig und hinterhältig [...].“

Viele der Regeln in den „Principles“ sind hervorragend auf die entscheidenden Eigenschaften abgestimmt, die für erfolgreiches Trading notwendig sind. Ein Beispiel ist die folgende Ermahnung aus den „Principles“ darüber, wie wichtig es ist, Verantwortung zu übernehmen, denn sie würde genauso gut in ein Handbuch für erfolgreiches Trading passen:

Menschen, die schlechte Ergebnisse irgendjemand oder irgendetwas anderem als sich selbst zuschreiben, verhalten sich auf eine Art und Weise, die mit der Realität nicht vereinbar ist und die ihre Fortschritte untergräbt.

Ich habe Dalio in seinem Büro bei Bridgewater interviewt. Es ragt freitragend über den Saugatuck River, mit Aussicht auf die Wälder der Umgebung, und sorgt für eine idyllische Arbeitsumgebung. Dalio denkt lieber in Verknüpfungen als linear, was – wie er selbst gern einräumt – zu weitschweifigen Antworten führen kann: „Ich sehe die Dinge auf komplexe Weise und es fällt mir schwer, meine Sichtweise anderen zu vermitteln.“ Als die für das Interview vorgesehene Zeit abgelaufen war, sagte er unvermittelt: „Okay, wir sind fertig.“

***

Sie haben es ziemlich weit gebracht – zum größten Hedgefonds der Welt. Ich frage mich, welche Ziele Sie als junger Mann hatten.
Ich habe mich bereits als Kind spielerisch an den Märkten betätigt. Schon mit zwölf habe ich angefangen. Das war wie ein Spiel und ich liebte dieses Spiel. Die Tatsache, dass ich bei diesem Spiel Geld verdienen konnte, war zwar auch gut, aber sie war nicht das, was mich motivierte. Ich hatte nie konkrete Ziele, etwa eine bestimmte Menge Geld zu verdienen oder zu managen.

Es ist verblüffend, wie viele von den erfolgreichen Tradern, die ich interviewt habe, schon in jungen Jahren an den Märkten angefangen haben – als Teenager und manchmal sogar noch früher.
Mir leuchtet das vollkommen ein, denn die Art, wie die Menschen denken, wird sehr stark von dem beeinflusst, was sie am Anfang ihres Lebens gemacht haben. Das verinnerlichende Lernen fällt uns am leichtesten, wenn wir noch jung sind. Deshalb fällt es einem im jungen Alter leichter, eine Sportart oder eine Sprache zu lernen. Die Art des Denkens, die notwendig ist, um an den Märkten erfolgreich zu sein, unterscheidet sich völlig von der Art des Denkens, die man braucht, um in der Schule erfolgreich zu sein. Ich bin sicher, die Tatsache, dass ich schon in jungen Jahren mit den Märkten zu tun hatte, hat meine Denkweise tief greifend beeinflusst.

Und wie?
Bei der schulischen Ausbildung geht es meistens darum, Anweisungen zu befolgen: „Merke dir etwas, gib es wieder, hast du die richtige Antwort gegeben?" Dort wird einem beigebracht, dass Fehler schlecht sind – und nicht, wie wichtig es ist, aus Fehlern zu lernen. Die Schule erklärt einem nicht, wie man mit dem umgeht, was man nicht weiß. Jeder, der schon einmal mit den Märkten zu tun hatte, weiß, dass man nie absolut zuversichtlich sein kann. Es gibt nie einen Trade, bei dem man weiß, dass man richtigliegt. Wenn man auf diese Art an das Trading herangeht, schaut man immer, wo man falschliegen könnte. Man hat dann keine falsche

Zuversicht. Man wertschätzt, was man nicht weiß. Wenn ich mir über irgendetwas eine Meinung bilde, muss dafür eine höhere Schwelle überwunden werden, als wenn ich einen anderen Beruf als das Trading ausüben würde. Ich habe eine solche Angst, ich könnte mich irren, dass ich mich wirklich sehr darum bemühe, meine Ideen vor anderen Menschen auszubreiten, damit sie sie unter Beschuss nehmen und mir sagen, wo ich mich womöglich irre. Dieser Prozess hilft mir dabei, richtigzuliegen. Dafür muss man gleichzeitig selbstsicher und geistig offen sein. Die Märkte lehren einen, dass man eigenständig denken muss. Und immer wenn man eigenständig denkt, besteht eine reelle Chance, dass man sich irrt.

Wie kamen Sie als Kind in Kontakt mit der Börse?
Als ich ein Kind war – in den 1960er-Jahren –, sprach so ziemlich jeder über die Börse, mehr als zu allen anderen Zeiten, sogar mehr als während der Technologieblase. Ich erinnere mich noch daran, dass ich mir die Haare schneiden ließ und mit dem Friseur über Aktien diskutierte. Ich habe mir ein bisschen Geld als Caddy verdient. Ich bekam sechs Dollar pro Tasche und trug immer zwei Taschen gleichzeitig. Mit diesem Geld eröffnete ich ein Konto. Mein Vater stellte mich seinem Broker vor. Zwar investierte er kaum in Aktien, aber damals hatte jeder einen Broker.

Erinnern Sie sich noch an Ihren ersten Trade?
Ja, ich kaufte Northeast Airlines, die zwischen New York und Florida verkehrte.

Wie kamen Sie auf diese Aktie?
Das war die einzige Aktie, von der ich je gehört hatte und die weniger als fünf Dollar pro Stück kostete. Deshalb konnte ich davon mehr Aktien kaufen. Das war meine ganze Analyse. Sie war zwar völlig unsinnig, aber ich hatte Glück. Das Unternehmen stand kurz vor dem Bankrott, wurde dann aber übernommen und mein Geld verdreifachte sich. Da dachte ich mir, das ist ja ganz leicht. An andere konkrete

Aktien, die ich als Kind gekauft habe, kann ich mich nicht erinnern. Aber an eines erinnere ich mich. Als ich nämlich 18 Jahre alt war, erlebte ich meine erste Baisse und ich lernte zu shorten. Und als ich auf dem College war, fing ich an, mit Rohstoffen zu handeln.

Was reizte Sie an Rohstoffen?
Ich konnte sie mit niedrigen Margin-Anforderungen traden. Ich dachte, mit geringen Margin-Anforderungen könnte ich mehr Geld verdienen.

Erinnern Sie sich an hervorstechende frühe Erfahrungen mit den Märkten?
Im Jahr 1971, nach meinem Collegeabschluss und bevor ich auf die Business School ging, hatte ich einen Bürojob an der New Yorker Börse. Am 15. August kündigte Nixon die Bindung der Vereinigten Staaten an den Goldstandard auf und das Währungssystem brach zusammen. Ich erinnere mich noch, dass die Börse danach ein gutes Stück stieg – und das hatte ich auf jeden Fall nicht erwartet.

Was haben Sie aus dieser Erfahrung gelernt?
Ich habe gelernt, dass es den Aktien zugutekommt, wenn die Währung abgewertet und Geld gedruckt wird. Außerdem habe ich gelernt, den Aussagen von Politikern nicht zu trauen. Diese Lektionen habe ich im Laufe der Jahre immer wieder gelernt.

Hatten Sie noch weitere frühe Erfahrungen damit, dass sich die Märkte ganz anders verhielten, als Sie erwartet hatten?
Im Jahr 1982 waren die konjunkturellen Bedingungen schlechter als im Moment. Die Arbeitslosenquote lag über elf Prozent. Für mich schien es außerdem klar, dass Lateinamerika seine Schulden nicht mehr würde bedienen können. Da ich wusste, dass die Großbanken einen Großteil ihres Kapitals in lateinamerikanischen Anleihen angelegt hatten, nahm ich an, dass ein Zahlungsausfall für den Aktienmarkt schrecklich sein würde. Und dann – peng – ging Mexiko im

August pleite. Der Markt reagierte darauf mit einem großen Anstieg. Tatsächlich war das genau die Talsohle der Börse und der Beginn einer 18-jährigen Hausse. Damit hatte ich definitiv nicht gerechnet. Dieser Kursanstieg fand statt, weil die Fed die Geldpolitik massiv lockerte. Ich lernte, dass ich nicht gegen die Fed ankämpfen durfte, außer wenn ich sehr gute Gründe für die Annahme hatte, ihre Maßnahmen würden nicht funktionieren. Die Fed und andere Notenbanken haben eine enorme Macht. Sowohl aus der Abschaffung des Goldstandards 1971 als auch aus dem Bankrott Mexikos 1982 habe ich gelernt, dass eine Krisenentwicklung, die dazu führt, dass Notenbanken die Geldmenge erhöhen und zu Hilfe kommen, die Auswirkungen der Krise an sich im Sande verlaufen lassen kann.

Gibt es noch weitere hervorstechende Lernerfahrungen?
Jeder Tag bringt handfeste Lernerfahrungen. Sie bitten mich, Momente zu beschreiben. Ich sehe das aber nicht als Momente, sondern vielmehr als Serie handfester Erfahrungen. Da geht es weniger um das Gedächtnis des Gehirns als um Bauchgefühle. Wenn man etwas darüber liest, was nach dem Bankrott Mexikos am Markt passierte, ist es nicht das Gleiche, wie wenn man selbst am Markt ist und das wirklich erlebt. Ich erinnere mich insbesondere an Überraschungen, vor allem an die schmerzlichen, denn das sind diejenigen Erfahrungen, aus denen man Lehren ziehen kann.

Ich erinnere mich noch lebhaft daran, dass ich Anfang der 1970er-Jahre mit meinem persönlichen Depot long auf Schweinebäuche stand zu einer Zeit, als Schweinebäuche jeden Tag um das Limit fielen.[2] Ich wusste nicht, wann meine Verluste den Boden

---

2 An vielen Futures-Märkten gibt es ein Limit für die pro Tag maximal zulässige Preisbewegung. Wenn ein großes Ungleichgewicht zwischen Käufern und Verkäufern besteht, zum Beispiel nach der Veröffentlichung eines überraschend bullishen oder bearishen staatlichen Berichts, ist die Eröffnung des Marktes auf den Limitpreis beschränkt, weil der Preis, der sich aus dem Gleichgewicht zwischen Käufern und Verkäufern ergeben würde, außerhalb des Limitbereichs liegen würde. Wenn der Preis beispielsweise

erreichen würden, und ich befürchtete meinen finanziellen Ruin. In jener Zeit gab es noch die großen Kurstafeln, die bei jeder Preisänderung klickten. Ich sah und hörte also jeden Morgen, dass der Markt 200 Punkte nach unten klickte – das war das Tageslimit –, und dann blieb er unverändert bei diesem Preis stehen. Da wusste ich, dass ich diesen zusätzlichen Betrag verloren hatte, aber es war ungewiss, wie viele weitere Verluste noch hinzukommen würden. Das war ein sehr handfestes Erlebnis.

Was haben Sie aus dieser Erfahrung gelernt?

Sie lehrte mich, wie wichtig Risikokontrollen sind, denn einen solchen Schmerz wollte ich nie wieder erleben. Sie verstärkte meine Angst, ich könnte falschliegen, und sie lehrte mich, darauf zu achten, dass keine einzelne Wette – und nicht einmal mehrere Wetten – dazu führen kann, dass ich mehr als einen akzeptablen Betrag verlieren kann. Beim Trading muss man gleichzeitig defensiv und aggressiv sein. Wenn man nicht aggressiv ist, verdient man kein Geld, und wenn man nicht defensiv ist, behält man sein Geld nicht. Ich glaube, dass jeder, der mit Trading Geld verdient hat, an irgendeinem Punkt einen fürchterlichen Schmerz verspüren musste. Trading ist wie die Arbeit mit elektrischem Strom. Dabei kann man sich Stromschläge holen. Bei dem Schweinebauch-Trade und bei anderen Trades spürte ich den Stromschlag und die Angst, die es mit sich brachte. Dies führte zu meiner Einstellung nach dem Motto: *„Ich zeige euch, was ich denke, und dann macht verflucht noch mal das Beste draus.“* Da habe ich die Mathematik der Geldanlage gelernt.

---

60 Cent pro Pfund betragen würde und die Regierung würde einen Bericht herausgeben, aufgrund dessen der Markt meint, er müsste eigentlich bei 50 Cent liegen, würde der Rückgang wegen des Limits in täglichen Schritten von zwei Cent stattfinden. Am ersten Tag würde es dann viele Verkäufer geben, aber so gut wie keine Käufer. Der Preis würde bei 58 Cent eröffnen und ohne Handelstätigkeit dort stehen bleiben. Wenn ein Markt in einer Serie von Limit-Preisbewegungen gefangen ist, kann man natürlich nicht wissen, wo das neue Preisgleichgewicht liegen wird – also ab welchem Punkt der Handel wieder freigegeben wird.

[Dalio geht zur Tafel und zeichnet ein Diagramm, dessen waagerechte Achse die Anzahl der Investments darstellt und dessen senkrechte Achse die Standardabweichung zeigt.]

Diesen Chart bringe ich Mitarbeitern der Firma bei und ich nenne ihn „den Heiligen Gral der Geldanlage".

[Dann zeichnet er eine Kurve, die von links nach rechts abfällt – das heißt, je größer die Anzahl der Anlagen, umso geringer die Standardabweichung.]

Dieser Chart zeigt, wie sich die Volatilität eines Portfolios ändert, wenn man mehr Investments hinzunimmt. Wenn man Vermögenswerte besitzt, die mit 0,60 zu anderen Vermögenswerten korrelieren, sinkt das Risiko um circa 15 Prozent, wenn man mehr Vermögenswerte hinzunimmt – aber das ist auch mehr oder weniger alles, selbst wenn man 1.000 Vermögenswerte hinzunimmt. Wenn man ein Aktienportfolio betreibt, dass nur long investiert, kann man auf 1.000 Aktien diversifizieren und senkt dadurch sein Risiko trotzdem nur um rund 15 Prozent, weil die durchschnittliche Aktie eine Korrelation von circa 0,60 zu anderen Aktien besitzt. Wenn man jedoch Vermögenswerte miteinander kombiniert, die eine durchschnittliche Korrelation von null besitzen, kann man schon durch eine Diversifizierung auf 15 Anlagen die Volatilität um 80 Prozent senken. Das heißt, wenn ich unkorrelierte Vermögenswerte halte, kann ich mein Ertrags-Risiko-Verhältnis durch Diversifizierung um den Faktor 5 verbessern.

Und was ist mit dem Problem, dass die Korrelation zwischen den Märkten stark zunimmt? Wenn Sie mir hier und jetzt sagen, dass der S&P 500 um zwei Prozent gefallen ist, kann ich Ihnen die Richtung fast jedes anderen Marktes angeben.

Ich glaube, das stimmt nicht.

Wirklich? Sie glauben nicht, dass das stimmt?

Ich glaube, dass das nur wegen der Art stimmt, wie Sie die Märkte definieren. Ich kann Ihnen zum Beispiel nicht sagen, wie sich der

Spread zwischen griechischen und irischen Anleihen als Reaktion auf einen Rückgang des S&P 500 ändern würde. Es gibt Möglichkeiten, Trades so zu strukturieren, dass man ein ganzes Bündel unkorrelierter Wetten produzieren kann. Dabei muss man vom Ziel ausgehen. Mein Ziel ist, mehr als 15 nicht miteinander korrelierte Vermögenswerte zu traden. Sie sagen mir gerade, worin Ihr Problem besteht, und dieses Problem ist nicht unüberwindlich. Ich strebe circa 100 verschiedene Ertragsflüsse an, die im Großen und Ganzen nicht miteinander korrelieren. Dabei entstehen zwar Kreuzkorrelationen, sodass sich die Zahl letztlich auf weniger als 100 beläuft, aber sie liegt deutlich über 15. Die Korrelation existiert nicht auf die Weise, von der die meisten Menschen glauben, dass sie existiert.

Wie meinen Sie das?

Die Menschen meinen, es existiere etwas namens „Korrelation". Das stimmt aber nicht. In Wirklichkeit geschieht Folgendes: Jeder Markt verhält sich gemäß seinen eigenen Determinanten logisch. Und wenn sich die Natur dieser Determinanten verändert, bezeichnen wir das als Änderung der Korrelation. Ein Beispiel: Wenn volatiles Wirtschaftswachstum erwartet wird, sind Aktien und Anleihen negativ korreliert, denn wenn das Wachstum zurückgeht, führt das dazu, dass sowohl die Aktienkurse als auch die Zinsen zurückgehen. In einem Umfeld mit volatilen Inflationserwartungen sind die Aktien und Anleihen hingegen positiv korreliert, denn bei höherer Inflation steigen die Zinsen, was sowohl den Anleihe- als auch den Aktienkursen schadet. Das heißt, beide Beziehungen sind vollkommen logisch, auch wenn sie einander genau entgegengesetzt sind. Wenn man versucht, die Beziehungen zwischen Aktien und Anleihen mit einer bestimmten statistischen Korrelation darzustellen, dann leugnet man die Kausalität der Korrelation.

„Korrelation" ist bloß das Wort, das die Menschen verwenden, um den Durchschnitt des gemeinsamen Verhaltens zweier Preise zu erfassen. Wenn ich meine Trading-Wetten zusammenstelle, schaue ich nicht auf Korrelationen. Ich schaue, ob die treibenden Kräfte unterschiedlich sind. Ich suche mir 15 oder mehr Vermögenswerte aus, die sich aus logischen Gründen unterschiedlich verhalten. Vielleicht spreche auch ich davon, dass die Ertragsflüsse im Portfolio nicht miteinander korreliert sind, doch dabei ist zu beachten, dass ich den Begriff der Korrelation nicht so verwende wie die meisten anderen Menschen. Ich spreche von der Verursachung, nicht von der Messung.

In letzter Zeit stand in der Presse einiges über die Kultur von Bridgewater. Wie würden Sie sie beschreiben?
Die Kultur von Bridgewater strebt dadurch nach Wahrheit, dass sie in einem Umfeld radikaler Transparenz zu eigenständigem Denken und zu Innovationen anregt. Wir erkennen an, dass es für die Erreichung unserer Ziele fundierte Meinungsverschiedenheiten sowie eine nicht vom Ego beeinträchtigte Prüfung von Fehlern und Schwächen geben muss. In dieser Kultur legen die Menschen sehr hohe Maßstäbe aneinander an und sie sind absolut ehrlich zueinander, aber gleichzeitig auch äußerst rücksichtsvoll. In dieser Kultur werden Wahrheit und Transparenz so hoch bewertet, dass wir fast alle Diskussionen aufzeichnen, damit es nicht zu Verzerrungen kommt.

Ich glaube, eines der größten Probleme, von denen die Menschheit geplagt wird, besteht darin, dass die Menschen immer sagen: „Ich denke dieses und ich denke jenes“, wobei aber eine hohe Wahrscheinlichkeit besteht, dass sie sich irren. Denn wenn es große Meinungsverschiedenheiten zu einem Thema gibt, müssen sich ja viele Menschen irren. Aber die meisten von ihnen sind absolut zuversichtlich, dass sie recht haben. Wie kann das sein? Stellen Sie sich einmal vor, um wie viel besser fast alle Entscheidungsfindungen wären, wenn Menschen unterschiedlicher Meinung weniger zuversichtlich wären – und dem Versuch offener gegenüberstünden, mithilfe eines durchdachten Diskurses die Wahrheit zu finden. Bei uns funktioniert diese Methode jedenfalls gut.

Wenn eine Meinungsverschiedenheit zwischen Ihnen und Bridgewater-Mitarbeitern besteht, deren Meinung Sie respektieren, wie wird diese Meinungsverschiedenheit dann aufgelöst?
Wir kommen zu Lösungen, indem wir uns gegenseitig befragen. Das führt auch zu einem besseren Verständnis. „Das sagen Sie. Aber warum sagen Sie das? Wodurch ist das belegt? Was müssen wir betrachten? Wie können wir diesen Widerspruch auflösen? Wen müssen wir hinzuziehen, um das Gespräch zu fördern und uns zu helfen, voranzukommen?" Und so weiter. Dieser Prozess führt zu Entdeckungen, und das ist fantastisch. Wenn eine Meinungsverschiedenheit über etwas besteht, das in den Prozess unserer Investment-Entscheidungsfindung eingebaut werden soll, müssen die drei Chief Investment Officers zustimmen [Dalio und seine CIO-Kollegen Bob Prince und Greg Jensen]. Im Großen und Ganzen kommen wir fast immer zu einer Einigung. Würden wir keine Einigung erzielen, würden wir nichts verändern.

Bedeutet das, dass jedes Mal, wenn Sie an den Märkten eine Position einnehmen, alle entscheidenden Mitarbeiter dieser Position zugestimmt haben?
Nein. Unser Prozess der Entscheidungsfindung besteht darin, dass wir die Kriterien bestimmen, anhand deren wir am Markt Entscheidungen treffen. Diese Kriterien – die ich als Prinzipien bezeichne – werden systematisiert. Mit anderen Worten: Wir fällen Entscheidungen über die Kriterien, die wir verwenden, um Entscheidungen zu fällen. Wir treffen keine Entscheidungen über einzelne Positionen.

Wir können bei allen Handelsstrategien darauf zurückblicken, wann sie Gewinn gebracht haben, wann sie Verlust gebracht haben und unter welchen Umständen es dazu kam. Jede Strategie entwickelt einen Track Record, den wir bis in die Tiefe durchschauen und dann in einem Portfolio aus diversifizierten Strategien miteinander kombinieren. Wenn eine Strategie in Echtzeit nicht die erwartete Performance bringt, können wir sie neu beurteilen, und wenn wir es übereinstimmend für wünschenswert halten, wandeln wir unsere

Systeme vielleicht ab. Das machen wir schon seit 36 Jahren so. Im Laufe der Jahre entwickeln wir neue Erkenntnisse, die wir kontinuierlich in unsere bestehenden Erkenntnisse einbauen.

Sie hatten in 20 Jahren nur zweimal Verluste von mehr als zwölf Prozent, wobei sich der schlimmste auf 20 Prozent belief. Wie haben Sie es mit einer direktionalen Strategie geschafft, Ihre Verluste derart unter Kontrolle zu halten?

Die Antwort darauf besteht aus zwei Teilen. Erstens verteilen wir das Risiko, wie bereits besprochen, ausgewogen über mehrere voneinander unabhängige Triebkräfte. Wir vermeiden es, einen zu großen Teil des Portfolios auf eine einzelne Triebkraft zu konzentrieren. Zweitens haben wir unsere Strategien Stresstests unterzogen, die mehrere Zeiträume und mehrere Szenarien berücksichtigen.

Ich glaube, viele Menschen erleiden deshalb viel größere Verluste, als sie erwartet hätten, weil sie nie wirklich begriffen haben, wie ihre Strategie in unterschiedlichen Umfeldern funktioniert hätte. Es gibt Manager, die erst seit fünf Jahren im Geschäft sind und glauben: „Ich habe eine großartige Erfolgsbilanz, diese Methode funktioniert wirklich." Aber in Wirklichkeit haben sie gar nicht die notwendige Perspektive, um zu beurteilen, welche Performance ihre Strategie unter verschiedenen Umständen gebracht hätte. Strategien, die auf den jüngsten Erfahrungen eines Managers basieren, funktionieren nur so lange, bis sie unweigerlich nicht mehr funktionieren.

Wir hingegen testen unsere Kriterien, um sicherzustellen, dass sie zeitlos und universell sind. „Zeitlos" bedeutet, dass wir eine Strategie in allen unterschiedlichen Zeiträumen betrachten, und „universell" bedeutet, dass wir untersuchen, wie eine Strategie in allen möglichen Ländern funktioniert hat. Es gibt keinen Grund, weshalb sich die Effektivität einer Strategie in verschiedenen Zeiträumen oder von einem Land zum anderen ändern sollte. Diese breit angelegte Analyse über Zeiträume und Gegenden verschafft uns im Vergleich zu den meisten anderen Managern eine einmalige Perspektive. Um das derzeitige Umfeld in den Vereinigten Staaten mit seinen Nullzinsen und seinem

Schuldenabbau zu begreifen, müssen wir zum Beispiel begreifen, was vor langer Zeit – etwa in den 1930er-Jahren – oder in anderen Ländern wie etwa Japan in der Zeit nach der Blase passiert ist. Zeiten des Schuldenabbaus unterscheiden sich sehr von Rezessionen. Abgesehen von dem derzeitigen Schuldenabbau hat es in der Nachkriegszeit in den Vereinigten Staaten keine Periode des Schuldenabbaus gegeben.

Gibt es auf einzelne Positionen bezogene Risikolimits?
Es gibt zwar Limits hinsichtlich der Positionsgröße, aber nicht hinsichtlich des Preises. Wir verwenden keine Stopps. Wir handeln an circa 150 verschiedenen Märkten, wobei ich mit dem Begriff „Markt" sowohl Spread-Positionen als auch einzelne Märkte meine. Allerdings haben wir zu einem gegebenen Zeitpunkt wahrscheinlich nur rund 20 maßgebliche Positionen, die circa 80 Prozent des Risikos darstellen und nicht miteinander korreliert sind.

Wenn Sie einen beträchtlichen Verlust verzeichnen, machen Sie dann etwas anders? Reduzieren Sie dann Ihr Engagement?
Ich halte nichts davon, das Engagement zu reduzieren, wenn man eine Verlustposition hat. Das möchte ich ganz klar sagen. Die einzige relevante Frage lautet, ob die Tatsache, dass ich auf einer Verlustposition sitze, ein statistisch bedeutsamer Indikator für die nachfolgende Preisbewegung ist. Und das ist sie nicht. Aus diesem Grund ändere ich nichts an Positionen, wenn sie Verlust bringen.

Heißt das auch, dass Sie die Größe von Positionen auf exakt die gleiche Art wählen, egal, ob sie auf einem neuen Hoch stehen oder 15 Prozent Verlust hinter sich haben?
Ja, die eingenommene Position und ihre Größe wären exakt gleich.

Wenn eine Position schlecht funktioniert, veranlasst Sie das nicht dazu, Ihre Strategie zu überprüfen?
Immer. Die besten Entdeckungen resultieren aus Positionen, die nicht funktioniert haben. Zum Beispiel standen wir 1994 long auf

eine Reihe von Anleihemärkten und dann rutschten die Anleihemärkte ab. Wir haben eine Vielzahl von Regeln und Systemen, die auf die Anleihemärkte Anwendung finden, und diese zeigten damals eine Netto-Long-Position für jeden einzelnen Anleihemarkt an. Hinterher wurde uns klar, dass wir ein viel besseres Ertrags-Risiko-Verhältnis erzielen konnten, wenn wir mit den gleichen Systemen nicht auf absoluter Basis, sondern auf Spread-Basis handeln würden. Diese Veränderung nutzte die allgemeingültige Wahrheit aus, dass man das Ertrags-Risiko-Verhältnis durch eine Reduzierung der Korrelation verbessern kann. Wenn unser Research Erkenntnisse liefert, ändern wir unsere Vorgehensweise.

Das ist ein Beispiel dafür, dass eine Verlustposition Sie veranlasste, Ihr Verfahren zu ändern. Aber was ist mit einer Einzelposition, die Verlust bringt? Mir ist schon klar, dass Sie eine Position nicht einfach deshalb auflösen oder reduzieren, weil sie Verlust bringt. Wie steht es aber damit, wenn Sie Ihre Meinung ändern, weil Ihnen klar wird, dass Sie irgendeinen Faktor übersehen haben oder einem Faktor nicht genügend Gewicht beigelegt haben?
Nein, so funktioniert das nicht. Wie wir unsere Meinung ändern, hängt davon ab, wie die betreffende Information unsere Entscheidungsregeln durchläuft. Unsere Entscheidungsregeln bestimmen Richtung und Größe der Position anhand der Umstände.

Ihr Trading-Prozess ist also vollständig systematisiert und hängt nicht von diskretionären Entscheidungen ab?
Er ist zu 99 Prozent systematisiert. Allerdings entwickeln sich die Systeme weiter, denn die Erfahrungen, die wir sammeln, können uns dazu veranlassen, Regeln zu ändern oder hinzuzufügen. Allerdings treffen wir bei 99 Prozent unserer Einzelpositionen keine diskretionären Handelsentscheidungen.

Aber was ist, wenn ein ungewöhnliches Ereignis eintritt, das in dem System nicht vorgesehen ist?

Wenn es so etwas ist wie der Anschlag auf das World Trade Center, ja, dann setzen wir die Regeln womöglich außer Kraft. In den meisten Fällen dienen Ermessensentscheidungen dazu, das Risiko zu senken, dem wir uns aussetzen. Ich würde aber sagen, dass weniger als ein Prozent der Trades durch Ermessen beeinflusst werden.

Ist Ihr Prozess vollständig fundamental gesteuert oder beinhaltet das System auch technische Faktoren?
Es gibt keine technischen Eingangsgrößen.

Das heißt, im Gegensatz zu den meisten CTAs, deren systematischer Ansatz nur auf technischen Faktoren basiert – hauptsächlich oder ausschließlich auf dem Preis –, verwenden Sie zwar ebenfalls einen systematischen Ansatz, der jedoch nur auf fundamentalen Faktoren basiert.
So ist es.

Wo liegen die Wurzeln des Systems von Bridgewater?
Um das Jahr 1980 herum habe ich die Gewohnheit entwickelt, dass ich jedes Mal, wenn ich einen Trade einging, die Gründe dafür auf einen Notizblock schrieb. Wenn ich den Trade liquidierte, schaute ich mir an, was tatsächlich passiert war, und verglich es mit meinen Überlegungen und Erwartungen zu dem Zeitpunkt, als ich den Trade eingegangen war. Es reicht aber nicht aus, ausschließlich aus konkreten Erfahrungen zu lernen, denn dann dauert es zu lange, bis man eine repräsentative Stichprobe bekommt, anhand deren man feststellen kann, ob eine Entscheidungsregel funktioniert. Ich entdeckte, dass ich die niedergeschriebenen Kriterien einem Backtesting unterziehen konnte, um einen guten Überblick darüber zu bekommen, wie sie funktioniert hätten, und sie dann zu verfeinern. Der nächste Schritt war, dass ich anhand der Kriterien Entscheidungsregeln festlegte. Dabei verlangte ich, dass die Entscheidungsregeln eine logische Grundlage besaßen, und ich achtete sorgfältig darauf, dass ich kein Data-Mining betrieb. So hat das Bridgewater-

System angefangen und so hat es sich in den ersten Jahren weiterentwickelt. Dieser Prozess wurde weitergeführt und im Laufe der Jahre unter Mithilfe vieler anderer Menschen verbessert.

Werden die einzelnen Regeln in dem Regelkompendium, aus denen das Bridgewater-System besteht, manchmal revidiert oder bleiben sie im Laufe der Zeit statisch?
Manchmal werden sie überarbeitet. Zum Beispiel haben wir früher darauf geachtet, wie sich Änderungen des Ölpreises auf Länder auswirken. Zwischen dem ersten und dem zweiten Ölpreisschock in den 1970er-Jahren wurde in der Nordsee Erdöl entdeckt und Großbritannien verwandelte sich von einem Netto-Importeur in einen Netto-Exporteur. Dieses Ereignis veranlasste uns, die Konfiguration der Entscheidungsregeln, die sich auf den Ölpreis bezogen, dahingehend zu ändern, dass sich die Regel änderte, wenn sich das Verhältnis von Export zu Import änderte.

Wie schaffen Sie es, eine derart große Geldmenge zu managen, ohne Ihre Performance dadurch erheblich zu beeinträchtigen? Tatsächlich haben sie es 2010 geschafft, Ihren bislang höchsten Ertrag zu erzielen, obwohl Sie so viel Geld verwalteten wie nie zuvor. Die meisten Hedgefonds bekommen irgendwann Größenprobleme und verwalten dann kleinere Summen.
Zwischen uns und den meisten anderen Hedgefonds gibt es zwei hauptsächliche Unterschiede. Die meisten Hedgefonds handeln an weniger Märkten und sie handeln viel aktiver. Wir handeln an so gut wie allen liquiden Märkten der Welt und daher ist der Betrag, den wir an einem einzelnen Markt investiert haben, im Verhältnis zu unserem Gesamtkapital relativ klein. Außerdem ändern wir unsere Positionen nur langsam. Wie Sie wissen, hängen die Transaktionskosten von dem Betrag ab, den man in einem bestimmten Zeitraum bewegen muss. Deshalb haben wir wesentlich mehr Spielraum als Manager, die an weniger Märkten handeln und ihre Positionen häufiger umschlagen als wir.

Wie viel schlagen Sie pro Markt und Jahr um?
Das kommt darauf an, was Sie mit Umschlag meinen. Wenn Sie damit den Übergang von netto-long auf netto-short meinen und nicht etwa Größenänderungen, dann beläuft sich die durchschnittliche Zeitdauer auf circa zwölf bis 18 Monate.

Das ist also ein sehr langsamer Prozess.
Ja, im Durchschnitt schon.

Und was ist in Jahren wie 2008, wenn die Märkte innerhalb von Tagen riesige Preisumschwünge erleben?
In manchen Jahren kann die Umschlagrate wesentlich höher als in anderen sein, allerdings lag sie 2008 nicht sehr über dem Durchschnitt. Ich glaube, Sie meinen, in volatilen Zeiten würden wir mehr traden, das muss aber nicht unbedingt so sein. Unsere Trades werden unmittelbar von Fundamentaldaten gesteuert und nur indirekt vom Preis – insofern Preisänderungen einen Markt billiger oder teurer machen.

Dann nehme ich an, ein weiterer Grund, weshalb die Größe für Sie kein so großes Problem ist, wie man aufgrund Ihres riesigen verwalteten Vermögens annehmen könnte, besteht darin, dass sie tendenziell als Verkäufer auftreten, wenn am Markt massiv gekauft wird, und als Käufer, wenn massiv verkauft wird.
Das ist zwar oft so, es wäre aber nicht so, wenn sich die fundamentalen Gegebenheiten schneller ändern würden. Wir traden in die entgegengesetzte Richtung der Preisbewegung, wenn alle Fundamentaldaten unverändert bleiben. Wenn beispielsweise die Preise fallen und die Fundamentaldaten gleich bleiben, dann treten wir als Käufer auf. Aber in der Praxis ändern sich die Fundamentaldaten ebenfalls. Daher kann die Richtung unserer Trades sowohl von Änderungen der Fundamentaldaten als auch von Preisänderungen abhängen.

Aber in Zeiten wie dem Herbst 2008, als die Märkte vor allem aufgrund von Stimmungsänderungen und weniger aufgrund von Änderungen der Fundamentaldaten innerhalb von Tagen riesige Preisausschläge verzeichneten – ich nehme an, in solchen Zeiten würden Sie wahrscheinlich in die entgegengesetzte Richtung der meisten Trader handeln. Die meisten Trader würden ihre Engagements durch Verkäufe reduzieren, wenn ein Preis steil einbricht, aber Sie würden wohl eher als Käufer auftreten und viel Liquidität haben.
Das stimmt – solange nicht auch bei den Fundamentaldaten eine bearishe Verschiebung stattfindet.

Stoßen Sie jemals auf Situationen, in denen die Größe ein Problem ist?
Nein, denn wir sorgen dafür, dass die Größe nicht zum Problem für uns wird. Wir kennen unsere Transaktionskosten sehr genau und wir wissen, wie lange wir brauchen, um in unsere Positionen einzusteigen und wieder auszusteigen. Wir begrenzen die Größe unserer Positionen, um sicherzustellen, dass wir ausreichend schnell aussteigen können, und um unsere Transaktionskosten im Verhältnis zu dem erwarteten Alpha der Trades am betreffenden Markt klein zu halten.

Gibt es eine Grenze, über die hinaus Sie den Fonds nicht wachsen lassen?
Ja, er ist seit einigen Jahren geschlossen.

Doch auch wenn er geschlossen ist, kann Ihr Vermögen in Jahren wie 2010 allein aufgrund der Gewinne dramatisch wachsen.
Wir haben die Gewinne ausgeschüttet.

Im Jahr 2008, das für viele Hedgefonds ein schwieriges Jahr war, ist es Ihnen ganz gut ergangen. Womit erklären Sie sich Ihre gute Performance im Jahr 2008?
Unsere Kriterien für das Trading in einer Phase des Schuldenabbaus standen bereits, denn wir hatten im Vorfeld andere Phasen des

Schuldenaufbaus und des Schuldenabbaus untersucht. Unsere Analyse beinhaltete sowohl inflationäre Phasen des Schuldenabbaus – wie in Deutschland in den 1920er-Jahren und in Lateinamerika in den 1980er-Jahren – als auch deflationäre Phasen des Schuldenabbaus wie die Große Depression der 1930er-Jahre und Japan in den 1990er-Jahren. Außerdem hatte ich den Schuldenabbau in Lateinamerika und Japan unmittelbar miterlebt. Wir hatten das Gefühl, wenn solche großen Ereignisse schon früher passiert waren, dann konnten sie auch wieder passieren. Außerdem glaubten wir, um zu verstehen, wie Volkswirtschaften und Märkte funktionieren, sei es wichtig, solche Ereignisse vollständig zu begreifen.

Acht Jahre vor dem Schuldenabbau, der 2008 begann, hatten wir etwas entwickelt und eingeführt, dass wir als „Depressionsuhr" bezeichnen. Sie soll anhand einer Anzahl gleichzeitig vorliegender Bedingungen anzeigen, wann ein depressionsähnliches Umfeld herrscht, unter anderem wenn die Zinsen unter ein gewisses Niveau fallen, das private Kreditwachstum zurückgeht, der Aktienmarkt fällt und die Kredit-Spreads wachsen. Wir wussten, dass wir dann, wenn die Depressionsuhr etwas anzeigt, weniger zuverlässige Indikatoren haben, wobei manche Indikatoren stärker davon betroffen sind als andere. Beispielsweise können die Zinsen, wenn sie fast auf null stehen, selbstverständlich nicht mehr als Indikator fungieren. Wir spielten in Simulationen durch, welche Performance unsere Systeme in Phasen des inflationären beziehungsweise deflationären Schuldenabbaus erzielt hätten. Wenn die Depressionsuhr ausgelöst wird, werden unsere Systemregeln und unsere Risikobeschränkungen den Bedingungen einer Phase des Schuldenabbaus angepasst.

Im Jahr 2008 war offensichtlich, dass die Anleger massiv gehebelte Carry-Trade-Positionen eingenommen hatten – das heißt, sie hatten den Kauf hochverzinslicher Anlagen dadurch finanziert, dass sie niedriger verzinste Anlagen shorteten. Diese Positionen mussten aufgelöst werden, sobald die Kreditblase platzen würde. Wir konnten außerdem sehen, dass die Banken rasant und leichtsinnig

Hebelpositionen aufgebaut hatten. Wir sahen voraus, dass sie große Verluste verzeichnen würden, denn nach der Durchsicht ihrer bei der Börsenaufsicht eingereichten Berichte kannten wir die Positionen, die sie hielten. Durch die Anwendung von Richtpreisen konnten wir ihre Bilanzen anhand der aktuellen Marktlage bewerten und gewannen dadurch Einblick in die möglichen negativen Konsequenzen für die Konjunktur und für andere Märkte. Kurz gesagt: Da wir wussten, wie ein Schuldenabbau abläuft, konnten wir die richtigen Faktoren überwachen – und da wir die Ursache-Wirkung-Beziehungen in Phasen des Schuldenabbaus durchschauten, fiel es uns 2008 nicht schwer, uns gut zu positionieren.

Wir waren aber nicht nur gut darauf vorbereitet, uns durch den Schuldenabbau hindurchzutraden, sondern wir waren durch ein Jahr wie 2008 auch nicht so verwundbar wie die meisten anderen Hedgefonds, und zwar ganz einfach deshalb, weil die ureigene Struktur unserer Pure-Alpha-Strategie implizite Betas vermeidet. Im Gegensatz dazu vermischen die meisten Hedgefonds Beta und Alpha miteinander. Die Wahrheit über die Hedgefonds ist, dass vieles, auf dem Alpha draufsteht, in Wirklichkeit Beta ist, das zu Alpha-Preisen verkauft wird. Der durchschnittliche Hedgefonds ist mit rund 70 Prozent zum Aktienmarkt korreliert. Und warum tendieren die meisten Hedgefonds so stark zu Strategien, die in guten Zeiten gut laufen? Ich glaube, es liegt in der Natur des Menschen, Strategien zu wählen, die in der jüngeren Vergangenheit gut funktioniert haben – und das zieht eine Verzerrung zugunsten von Long-Positionen nach sich.

Wie sieht Ihr allgemeines Bild von der derzeitigen schwierigen Wirtschaftslage aus, mit der die Vereinigten Staaten konfrontiert sind?
In der momentanen Situation findet ein breit angelegter weltweiter Schuldenabbau statt, der sich nachteilig auf das Wachstum auswirkt. Schuldnerländer, die Geld drucken können, werden sich anders verhalten als solche, die das nicht können. Länder, die kein Geld drucken können, erleben dann eine klassische deflationäre

Depression. Diejenigen, die Geld drucken können – zum Beispiel die Vereinigten Staaten –, können die Deflation und die Depression dadurch dämpfen, dass sie Geld drucken. Allerdings fällt die Wirkung der quantitativen Lockerung begrenzt aus, weil die Besitzer der Anleihen, die von der Fed aufgekauft werden, das Geld verwenden, um wieder ähnliche Dinge zu kaufen. Sie verwenden es nicht für den Kauf von Häusern oder Autos. Außerdem fällt der konjunkturelle Anreiz wegen der realen politischen Situation begrenzt aus. Daher ist es unwahrscheinlich, dass die Geldpolitik oder die Finanzpolitik dann noch Wirkung zeigen. Das bedeutet, dass wir auf Einkommenswachstum angewiesen sind, aber die Einkommen wachsen nur langsam – vielleicht um zwei Prozent pro Jahr –, weil das Einkommenswachstum normalerweise vom Wachstum der Schulden für die Finanzierung der Kauftätigkeit abhängig ist, und ich rechne nicht mit einem beträchtlichen Wachstum des privaten Kreditaufkommens. Eine Wachstumsrate von zwei Prozent reicht nicht aus, um die Arbeitslosenquote spürbar zu senken. Wenn es mit der Konjunktur bergab geht, besteht die Gefahr, dass wir keine wirksamen Werkzeuge haben, um diese Situation abzuwenden. Man kann die momentane Situation damit vergleichen, dass wir uns in einer Rezession befinden und die Zinsen nicht senken können.

Wenn es in Ihrer Macht stünde, politische Maßnahmen zu ergreifen, gäbe es dann eine Politik, die die aktuelle Situation verbessern könnte?
Die beste Politik bestünde darin, die Probleme über einen langen Zeitraum zu strecken, sodass die nominalen Zinsen unter den nominalen Wachstumsraten liegen würden.

Und wie macht man das?
Das macht man durch eine Kombination aus geldpolitischen und finanzpolitischen Maßnahmen, die den Rückgang der Ausgaben im Privatsektor so weit ausgleichen, dass die Wirtschaft nicht schrumpft. Für die Aufrechterhaltung der gesellschaftlichen und politischen

Ordnung ist es unerlässlich, eine unkontrollierte Kontraktion zu vermeiden. Gleichzeitig muss es gut durchdachte Umschuldungen geben, denn wir dürfen es nicht mehr zulassen, dass unsere Schulden schneller wachsen als unsere Einkommen, und wir müssen sie nach und nach senken.

Wenn man die Staatsausgaben erhöht, steigt die Verschuldung noch weiter. Wir sind auf ausländisches Kapital für den Aufkauf unserer Schuldpapiere angewiesen. Besteht nicht die Gefahr, dass eine weitere Erhöhung der Verschuldung durch Fiskalanreize ausländische Käufer von US-Anleihen abschrecken könnte?
Die besteht natürlich. Deshalb ist es so wichtig, dass die Ausgaben für Investitionen eingesetzt werden, deren Erträge höher sind als ihre Kosten. Wir können es uns nicht leisten, Geld zu verschwenden.

Meinen Sie damit, dass sich die Ausgaben auf Dinge wie etwa Infrastruktur konzentrieren sollten?
Ja, man sollte beschäftigungslose Menschen an nützlichen Projekten arbeiten lassen. Das ist auch für die Gesellschaft gut. Ich glaube, für die Gesellschaft ist es sehr schlecht, wenn Menschen sehr lange arbeitslos sind.

Damit spart man außerdem am falschen Ende. Man bezahlt arbeitslosen Arbeitskräften Arbeitslosengeld und gibt zusätzliches Geld für sonstige soziale Absicherungen aus, aber im Gegenzug wird nichts erwirtschaftet. Wenn man hingegen Menschen dafür bezahlt, dass sie Brücken bauen und Straßen reparieren, dann bekommt man dafür wenigstens eine Gegenleistung und das hat einen Multiplikatoreffekt.
Das stimmt. Die Option, Geld zu verschenken, gefällt mir nicht, denn dadurch wird die Währung abgewertet und die Anleger werden von US-amerikanischen Vermögenswerten abgebracht. Die Regierung sollte versuchen, aus den Ausgaben gute Investitionen zu machen.

Sehen Sie die Gefahr, dass es ein Inflationsrisiko darstellt, wenn man Geld druckt?
In den nächsten paar Jahren nicht. Aber langfristig besteht immer dann, wenn ein Land ein Zahlungsbilanzdefizit hat und auf ausländisches Kapital angewiesen ist, die Gefahr, dass sich die Investoren aus dem Ausland zurückziehen, wenn sie befürchten, dass die Währung nachgeben könnte, weil immer mehr Geld gedruckt wird. Das erste Anzeichen für eine solche Verschiebung ist die Verkürzung der Laufzeit der Anleihen, die von Ausländern gekauft werden, wodurch das Kreditaufkommen knapper wird. Eine solche Reaktion fand von 1931 bis 1933 statt, als die Zinsen stiegen, obwohl wir uns in einer deflationären Depression befanden. Unter solchen Umständen kauft die Notenbank normalerweise mehr Anleihen auf, um die Differenz auszugleichen – das stellt jedoch eine Monetarisierung der Verschuldung dar, die zu einer Schwächung der Währung und dazu führt, dass Geld in Sachwerte und Fremdwährungen fließt, um der Währungsschwäche zu entkommen. Gewöhnlich dauert diese Phase mehrere Jahre. Anfänglich geht die Deflation in geringe Inflation über. Als Roosevelt 1933 beschloss, Geld zu drucken und aus dem Goldstandard auszusteigen, wertete dieser Schachzug den Dollar ab und drückte die Deflation lediglich auf null. Er zog keine hohe Inflation nach sich. In solchen Zeiten können Gold und Anleihen gemeinsam steigen – ganz anders als in einer normalen Situation, in der ein höherer Goldpreis wegen der Inflationskomponente niedrigere Anleihepreise nach sich zieht. Genau dieses Muster hat sich im derzeitigen Zyklus abgespielt. Nach der Lockerung der Geldpolitik stiegen sowohl das Gold als auch die Anleihen.

Als ich Ihre Beschreibung der langfristigen Zyklen las, klang das für mich so, als hätten die Vereinigten Staaten die vierte von fünf Phasen durchlaufen – ein Land, das sich immer noch für reich hält, es aber nicht mehr ist – und befänden sich jetzt im fünften Stadium: ein Land im Niedergang. Ist das eine korrekte Auslegung Ihrer Ansichten?
Ich glaube schon.

Wie lange dauert dieser Zyklus normalerweise?
Der gesamte Zyklus dauert ungefähr 100 bis 150 Jahre. Die fünfte Phase des Zyklus (Niedergang) dauert ungefähr 20 Jahre.

Wenn man davon ausgeht, dass die Vereinigten Staaten etwa 2008 in die Phase des Niedergangs eingetreten sind, muss man aus Ihrem zyklischen Modell schließen, dass sie bis zum Jahr 2030 in einem allgemeinen Niedergang verharren könnten. Das sind ziemlich pessimistische Aussichten. Haben sich je Länder in der Abstiegsphase des langfristigen Zyklus befunden, ohne dass dies äußerst schmerzhaft war?
Der Niedergang des britischen Empire nach dem Zweiten Weltkrieg war nicht so katastrophal, weil sich der Anpassungsprozess über viele Jahre hinzog. So war es auch mit dem Schuldenabbau in Japan. Im Prinzip können die Bedingungen eines Landes lange Zeit gleich bleiben. Das muss nichts Schlimmes sein. Es kann aber schlimm sein, wenn man es schlecht managt.

Bei Bridgewater wird Kritik gefördert, auch dass Untergebene ihre Vorgesetzten kritisieren. Gibt es auch Angestellte, die Sie kritisieren?
Ständig.

Können Sie mir dafür ein Beispiel geben?
Ich war einmal bei einem Termin mit einem großen europäischen Pensionsfonds, der sich in Connecticut mit unseren Managern traf. Nach dem Termin kritisierte mich der Verkaufsbeauftragte, ich hätte mich undeutlich ausgedrückt, zu lange geredet, was sich nachteilig ausgewirkt habe. Ich fragte andere, die bei der Besprechung dabei gewesen waren, nach ihrer Meinung. Einer unserer neuen Analysten, der erst ein Jahr zuvor sein Studium abgeschlossen hatte, gab mir eine Sechs. Ich fand das toll, denn ich wusste, sie helfen mir, besser zu werden, und ihnen ist klar, was von ihnen verlangt wird.

Was ist Ihrer Meinung nach der größte Fehler, den Menschen bei der Geldanlage begehen?
Der größte Fehler, den Anleger begehen, ist zu glauben, das, was in der jüngeren Vergangenheit passiert ist, würde sich wahrscheinlich fortsetzen. Sie gehen davon aus, etwas, das in der jüngeren Vergangenheit eine gute Anlage war, sei jetzt immer noch eine gute Anlage. Normalerweise bedeuten hohe frühere Erträge aber nur, dass ein Vermögenswert teurer geworden ist und jetzt eine schlechtere – keine bessere – Anlage ist. Die Neigung von Anlegern, nach einem Preisanstieg aus keinem anderen Grund als diesem Preisanstieg zu kaufen, sorgt dafür, dass die Preise über das Ziel hinausschießen. Wenn Anleger daran Geld verdienen, dass sie gierig und furchtlos sind – was normalerweise nach einem großen Preisanstieg der Fall ist –, ist man gut damit beraten, das Gegenteil zu tun.

***

Dalio hält sehr viel von Diversifizierung. Tatsächlich bezeichnet er die mögliche Verbesserung des Ertrags-Risiko-Verhältnisses durch das Hinzufügen nicht korrelierter Vermögenswerte als „Heiligen Gral der Geldanlage". Er behauptet, das Ertrags-Risiko-Verhältnis könne um einen Faktor von bis zu 5 zu 1 verbessert werden, wenn die im Portfolio enthaltenen Vermögenswerte wirklich unabhängig voneinander sind.

Die meisten Menschen setzen die Korrelation hauptsächlich als Werkzeug ein, mit dem sie die relative Abhängigkeit oder Unabhängigkeit zweier Vermögenswerte voneinander bestimmen. Dalio glaubt, dass die Korrelation eine irreführende Kennzahl sein kann, die für den Aufbau eines diversifizierten Portfolios schlecht geeignet ist. Die Krux daran ist nämlich, dass sich die Korrelationen zwischen Vermögenswerten stark verändern können und wesentlich von den herrschenden Umständen abhängen. So stehen beispielsweise Gold und Anleihen normalerweise in umgekehrter Beziehung zueinander, weil die (aktuelle oder erwartete) Inflation positiv auf den Goldpreis und negativ auf die Anleihepreise wirkt (weil höhere Inflation normalerweise höhere Zinsen nach sich zieht). In der Frühphase eines Schuldenabbau-Zyklus können Gold und Anleihen jedoch gemeinsam steigen, weil eine aggressive geldpolitische Lockerung die Zinsen sinken (also die Anleihepreise steigen) lässt, aber gleichzeitig die Besorgnis über eine längerfristige Abwertung der Währung zunehmen lässt – was wiederum den Goldpreis steigen lässt. In einem solchen Umfeld können Gold und Anleihen positiv korreliert sein, was das exakte Gegenteil ihres normalen Verhältnisses darstellt.

Anstatt die Korrelation als Maß für die Abhängigkeit zwischen Positionen zu benutzen, konzentriert sich Dalio auf die zugrunde liegenden treibenden Kräfte, von denen zu erwarten ist, dass sie sich auf die betreffenden Positionen auswirken. Diese Triebkräfte sind die Ursache und die Korrelationen sind ihre Folge. Um sicherzustellen, dass ein Portfolio diversifiziert ist, muss man Vermögenswerte auswählen, hinter denen verschiedene Triebkräfte stehen. Indem Dalio die Triebkräfte identifiziert, die sich auf die jeweiligen Märkte in Zukunft wahrscheinlich auswirken werden, kann er dank dieses vorausschauenden Ansatzes genauer beurteilen, welche Positionen wahrscheinlich in die gleiche Richtung gehen werden oder eben nicht – er kann zum Beispiel vorhersagen, wann sich Gold und Anleihen wahrscheinlich in die gleiche Richtung bewegen werden und wann sie sich wahrscheinlich in entgegengesetzte Richtungen bewegen. Im Gegensatz dazu blickt man, wenn man Entscheidungen anhand von Korrelationen trifft, auf die Vergangenheit zurück, was beim Aufbau von Portfolios zu falschen Entscheidungen führen kann. Dalio konstruiert seine Portfolios so, dass die einzelnen Positionen nicht bloß unkorreliert sind, sondern dass auf sie auch unterschiedliche treibende Kräfte wirken.

Bridgewater setzt in hohem Maße Spread-Positionen ein, um für unterschiedliche treibende Kräfte zu sorgen. So kann es beispielsweise sein, dass die Anleihemärkte verschiedener Länder zwar ähnlichen treibenden Kräften ausgesetzt sind, dass aber für diverse

Spread-Positionen zwischen diesen Anleihen verschiedene Triebkräfte gelten. Der Einsatz von Spread-Positionen ist unentbehrlich, wenn man das Problem abmildern will, dass sich die Positionen eines Portfolios in einem Investmentumfeld, das durch den Wechsel zwischen „Risk on“ und „Risk off“ gekennzeichnet ist (eine Situation, in der sich eine breite Palette von Märkten im Gleichschritt bewegt, weil die Märkte darauf reagieren, ob die Investoren gerade risikoscheu oder risikofreudig sind), in hohem Maße synchron bewegen.

Unter verschiedenen Bedingungen verhalten sich Märkte unterschiedlich. Das Verhalten von Märkten in Phasen des Schuldenabbaus unterscheidet sich sehr von ihren Reaktionen in Zeiten der Rezession. Jedes fundamentale Modell, das von statischen Beziehungen zwischen Märkten und Wirtschaftsvariablen ausgeht, muss fehlerhaft sein, denn in unterschiedlichen Marktsituationen können sich diese Beziehungen dramatisch ändern. Zum Beispiel kann es sein, dass die gleichen staatlichen Maßnahmen, die während einer Rezession zu einer anhaltenden Erholung führen, in einer Phase des Schuldenabbaus kaum Wirkung zeigen. Laut Dalio muss eine gültige fundamentale Methode so breit ansetzen – sowohl zeitlich als auch geografisch –, dass sie alle unterschiedlichen Umfelder abdeckt. Er glaubt, dass ein solcher „zeitloser und universeller“ Ansatz die einzige Möglichkeit ist, ein fundamentales Modell zu konstruieren, das robust genug ist, die wirkliche Welt zu repräsentieren.

Die Investoren sind oft perplex, wenn Märkte auf Ereignisse anders reagieren, als sie es intuitiv erwartet hätten. Dalio erinnert sich lebhaft daran, dass scheinbar bearishe Ereignisse – etwa 1971 die Abschaffung des Goldstandards in den Vereinigten Staaten oder 1982 der Bankrott Mexikos – zu seiner Überraschung von großen Anstiegen des Marktes gefolgt wurden. Zum Teil lässt sich dieses scheinbar paradoxe Marktverhalten durch die Tatsache erklären, dass Märkte die Nachrichten häufig schon vorwegnehmen. Der andere Teil der Erklärung besagt, dass bearishe Ereignisse neue Ereignisse mit bullishen Konsequenzen hervorrufen können. Zum

Beispiel können Entwicklungen, die sich sehr nachteilig auf die Konjunktur und die Anlegerstimmung auswirken, Gegenmaßnahmen der Notenbank veranlassen, die eine Rallye nach sich ziehen.

Wenn es eine einzelne wichtige Lektion gibt, die man von Dalio lernen kann, dann die, dass Fehler den Weg zu Verbesserungen und letztlich zum Erfolg darstellen. Jeder Fehler bietet die Gelegenheit, aus dem Irrtum zu lernen und sein Vorgehen aufgrund dieser neuen Information abzuwandeln. Immer wenn man beim Trading einen wesentlichen Fehler macht, sollte man ihn aufschreiben, erstens um die Lektion zu festigen und zweitens zur späteren Erinnerung. Dann sollte man seinen Trading-Prozess anhand der neuen Erfahrungen modifizieren. Auf diese Weise können Fehler zur entscheidenden Zutat der Verbesserung beim Trading – natürlich auch bei sämtlichen anderen Unternehmungen – werden.

Nachtrag: Das Gesamtbild nach Ray Dalio

Dalios Ausblick auf das Gesamtbild deckt nicht nur ein zeitliches und geografisches Spektrum ab, sondern bietet auch einen Blick auf Märkte und Volkswirtschaften durch die Brille langfristiger Zyklen und Trends. Dalios Matrize für das Verständnis von Volkswirtschaften schichtet drei Kräfte übereinander, die gemeinsam die Position und die Entwicklungsrichtung jeder beliebigen Volkswirtschaft erklären:

1. Produktivitätswachstum – Das reale Pro-Kopf-BIP der Vereinigten Staaten ist in den letzten 100 Jahren infolge von Produktivitätssteigerungen zwar durchschnittlich um zwei Prozent pro Jahr gewachsen, doch aufgrund von langfristigen Zyklen und Konjunkturzyklen hat es um diesen Trend herum stark geschwankt.

2. Der langfristige Zyklus von Kreditwachstum und Schuldenabbau – Zunächst steigt die Verfügbarkeit von Kredit über das Einkommen hinaus. Dalio erläutert:

[Dieser Prozess] verstärkt sich selbst, weil zunehmende Ausgaben zunehmende Einkommen und Vermögen nach sich ziehen, was die Fähigkeit der Kreditnehmer steigert, Darlehen aufzunehmen, und dies wiederum ermöglicht es, dass mehr gekauft und mehr Geld ausgegeben wird [...]. Die Aufschwungphase dieses Zyklus dauert normalerweise mehrere Jahrzehnte, wobei Schwankungen vor allem darauf beruhen, dass die Notenbanken das Kreditaufkommen verknappen beziehungsweise lockern (dadurch entstehen die Konjunkturzyklen).

Obwohl die Expansionsphase des Kreditaufkommens selbstverstärkend ist, erreicht sie irgendwann einen Punkt, an dem keine weitere Zunahme mehr möglich ist. Dalio beschreibt diese Übergangsphase des Kreditzyklus folgendermaßen:

Das kann aber nicht ewig so gehen. Irgendwann werden die Zahlungen für den Schuldendienst genauso groß oder größer als der Betrag, den wir uns leihen können, sodass die Ausgaben gesenkt werden müssen. Wenn die Zahlungsversprechen (Schulden) im Verhältnis zum hereinströmenden Geld- und Kreditaufkommen nicht mehr wachsen können, kehrt sich der Prozess um und wir haben einen Schuldenabbau. Da Kreditaufnahme lediglich vorgezogene Ausgaben bedeutet, muss eine Person, die im Jahr 110.000 Dollar ausgibt, aber nur 100.000 Dollar verdient, ihre Ausgaben genauso viele Jahre lang auf 90.000 Dollar senken, wie sie 110.000 Dollar ausgegeben hat, wenn sich die sonstigen Bedingungen nicht ändern [...]. Im Unterschied zum Aufschwung nimmt in einer Phase des Schuldenabbaus die Verschuldung im Verhältnis zum Geld nicht zu, sondern das Gegenteil ist der Fall. Wenn das Geld, das die Schuldner durch Einkommen und Kredit bekommen, nicht mehr ausreicht, um die Verbindlichkeiten zu bedienen, müssen Vermögenswerte verkauft und Ausgaben gestrichen werden, um Geld zu beschaffen. Dies führt dazu, dass die Vermögenswerte fallen, was den Wert der Sicherheiten senkt und dadurch auf die Einkommen drückt. Da nun einerseits die Sicherheiten weniger wert sind und andererseits das Einkommen sinkt, haben die Kreditnehmer eine geringere Bonität, sodass sie zu Recht weniger Kredit bekommen – und so verstärkt sich dieser Prozess weiterhin selbst.

Dalio betont, dass sich der Schuldenabbau stark von einer Rezession unterscheidet:

Anders als in Rezessionen, in denen Zinssenkungen und zusätzliche Geldschöpfung das Ungleichgewicht glätten können, hat die Geldpolitik bei einem Schuldenabbau keine kreditschöpfende Wirkung. Mit anderen Worten: In Rezessionen (wenn die Geldpolitik wirksam ist) kann das Ungleichgewicht zwischen dem vorhandenen Geld und der Notwendigkeit, Schulden zu bedienen, deshalb geglättet werden, weil die Zinsen so weit gesenkt werden können, dass (1) die Schuldenlast gesenkt wird, dass (2) die Wirtschaftsaktivität angekurbelt wird, weil die monatlichen Zahlungen für den Schuldendienst im Verhältnis zum Einkommen hoch sind, und dass (3) ein positiver Vermögenseffekt entsteht. Wenn ein Schuldenabbau stattfindet, ist das jedoch nicht möglich. In deflationären Depressionen/Phasen des Schuldenabbaus gelingt es der Geldpolitik normalerweise nicht, Kredit zu schöpfen, weil die Zinsen dann auf null Prozent fallen und nicht mehr weiter gesenkt werden können – deswegen werden andere, weniger wirksame Wege der Geldmengenerhöhung beschritten. Es ist dann schwer, das Kreditwachstum anzukurbeln, weil die Kreditnehmer nach wie vor überschuldet sind, sodass keine vernünftige Kreditvergabe möglich ist. In einer inflationären Phase des Schuldenabbaus gelingt es der Geldpolitik nicht, Kredit zu schöpfen, weil das zusätzliche Geldmengenwachstum in andere Währungen und in Vermögenswerte fließt, die zur Absicherung gegen die Inflation dienen, weil die Anleger befürchten, die von ihnen vergebenen Kredite könnten in Geld zurückgezahlt werden, das weniger wert ist.

3. Der Konjunkturzyklus – Der Konjunkturzyklus bezieht sich auf die Schwankungen der Wirtschaftstätigkeit. Dalio erläutert: „Im ‚Konjunkturzyklus' werden das Kreditaufkommen und die Kreditkosten von den Notenbanken gesteuert, während sie im ‚langfristigen Zyklus' von Faktoren bestimmt werden, die weitgehend außerhalb der Kontrolle der Notenbanken liegen." In einem normalen Konjunkturzyklus kann die Notenbank die schleppende Konjunktur dadurch ankurbeln, dass sie die Zinsen senkt. In der Schuldenabbauphase des langfristigen Zyklus können die Notenbanken durch Zinssenkungen jedoch keinerlei Einfluss ausüben, denn die Zinsen stehen ja schon auf null oder fast auf null.

Inzwischen dürfte klar sein, weshalb Dalio der Meinung ist, dass eine fundamentale Marktanalyse der USA, die ausschließlich auf der Zeit nach dem Zweiten Weltkrieg basiert, völlig unangemessen ist. Diese Periode umfasst zwar fast 70 Jahre, sie beinhaltet in den Vereinigten Staaten jedoch keinen Schuldenabbau außer dem derzeitigen, der 2008 begonnen hat. Und wie bereits erläutert verhalten sich Volkswirtschaften und Märkte in Phasen des Schuldenabbaus ganz anders als in gewöhnlichen Rezessionen. Indem sich Dalio sowohl zeitlich als auch geografisch breiter orientiert, gelingt es ihm, sich auf vergangene Fälle zu stützen, die mit der momentanen Situation vergleichbar sind (zum Beispiel die Große Depression, Japan nach der Blase, die Staatsbankrotte in Lateinamerika).

In Bezug auf die Zyklen, die auf einzelne Länder wirken, nimmt Dalio eine noch breitere Perspektive ein, die sich nach Jahrhunderten bemisst und die er durchaus passend als „wirklich großes Ganzes" bezeichnet. Dalio ist überzeugt, dass alle Länder einen aus fünf Phasen bestehenden Zyklus durchlaufen:

Phase 1 – Die Länder sind arm und halten sich für arm.
Phase 2 – Die Länder werden schnell reich, halten sich aber immer noch für arm.
Phase 3 – Die Länder sind reich und halten sich für reich.

Phase 4 – Die Länder werden wieder ärmer, halten sich aber immer noch für reich.
Phase 5 – Die Länder machen einen Schuldenabbau und einen relativen Niedergang durch, was sie aber nur langsam akzeptieren.

Dalio beschreibt Länder in Phase 4 so:

Das ist die Phase des Schuldenaufbaus – das heißt, die Schulden steigen im Verhältnis zu den Einkommen, bis sie nicht mehr weiter steigen können [...]. Da die Ausgaben weiterhin hoch sind, erscheinen sie weiterhin reich, obwohl sich ihre Bilanzen verschlechtern. Die geringeren effizienten Investitionen in Infrastruktur, Kapitalgüter sowie Forschung und Entwicklung bremsen ihre Produktivitätssteigerungen. Ihre Städte und ihre Infrastruktur werden älter und weniger effizient als in den beiden vorherigen Phasen. Die Posten in ihrer Zahlungsbilanz verschlechtern sich, was ihre verminderte Wettbewerbsfähigkeit widerspiegelt. Bei der Finanzierung ihrer Defizite verlassen sie sich zunehmend auf ihren Ruf anstatt auf ihre Wettbewerbsfähigkeit. Normalerweise geben sie in dieser Phase viel Geld für das Militär aus, darunter sehr große Summen für Kriege, mit denen sie ihre weltweiten Interessen verteidigen. Häufig, aber nicht immer verzeichnen Länder im fortgeschrittenen Stadium dieser Phase ‚doppelte Defizite' – das heißt sowohl ein Zahlungsbilanzdefizit als auch ein Staatsdefizit.

In den letzten Jahren dieser Phase treten häufig Blasen auf [...]. Diese Blasen kommen deshalb auf, weil Anleger, Geschäftsleute, Finanzmittler, Privatpersonen und Politiker zu der Annahme neigen, die Zukunft werde wahrscheinlich genauso sein wie die Vergangenheit, und deshalb massiv auf die Fortsetzung des Trends setzen. Sie glauben fälschlicherweise, Investments, die weit gestiegen sind, seien eher gut als überteuert, sodass sie sich Geld leihen, um sie zu kaufen – was ihre Preise noch weiter in die Höhe treibt und den Blasenprozess verstärkt [...]. Die Blasen platzen, wenn der Einkommenszuwachs und die Investmenterträge unweigerlich hinter dem Niveau zurückbleiben, das notwendig wäre, um die Schulden zu bedienen [...]. Die finanziellen Verluste, die sich aus dem Platzen der Blase ergeben, tragen zum wirtschaftlichen Niedergang des Landes bei. Ob nun aufgrund von Kriegen, Blasen oder von beidem – typisch für diese Phase ist die Ansammlung von Schulden, die nicht mit Geld zurückgezahlt werden können, das keinen Wertverlust durchgemacht hat. Und dies führt in die nächste Phase.

Und Phase 5:

Wenn Blasen platzen und Schulden abgebaut werden, gehen das Wachstum der privaten Verschuldung, die Ausgaben des Privatsektors, die Preise von Vermögenswerten und die Vermögen in einem selbstverstärkenden negativen Zyklus zurück. Um das auszugleichen, nehmen normalerweise das Wachstum der Staatsverschuldung, die Staatsdefizite und der „Gelddruck" durch die Notenbank zu. Auf diese Weise senken die Notenbanken und die Zentralregierungen die Zinsen und steigern das nominale BIP-Wachstum so weit, dass es deutlich über den nominalen Zinsen liegt, um dadurch die Schuldenlast zu erleichtern. Infolge der niedrigen Realzinsen, der schwachen Währung und der schlechten Konjunktur bringen die Vermögenswerte [dieser Länder] in Form von Schuldpapieren und Kapitalmarktpapieren eine schlechte Performance und sie müssen immer mehr mit billigeren Ländern konkurrieren, die sich in einer früheren Entwicklungsphase befinden. Ihre Währungen werten ab. Und das gefällt ihnen. Länder in dieser Phase erleben es, dass infolge dieser wirtschaftlichen und finanziellen Trends ihre weltpolitische Macht schwindet.

Diese Profile der Phasen 4 und 5 klingen wie unangenehm genaue Beschreibungen der Vereinigten Staaten (Phase 5 – jetzige Situation, Phase 4 – die Jahrzehnte davor), finden Sie nicht auch?

IN DIESER ZUSAMMENFASSUNG DER PRINZIPIEN WERDEN SIE LERNEN:

- ↗ WIE IHR **RATIONALES ICH** UND IHR **EMOTIONALES ICH** UM DIE KONTROLLE ÜBER IHR LEBEN KÄMPFEN

- ↗ WIE SIE **IHR EGO** ÜBERWINDEN, UM IHRE ZIELE ZU ERREICHEN

- ↗ WIE SIE MIT DEM **5-SCHRITTE-PROZESS** IHRE ZIELE IM LEBEN ERREICHEN UND

- ↗ WARUM SIE **ANDERE MENSCHEN** BRAUCHEN, DAMIT SIE MIT GRÖSSERER WAHRSCHEINLICHKEIT RECHT HABEN.

Wie man das Beste aus „Principles: Life and Work" und dieser Zusammenfassung herausholt

Im Gegensatz zu den meisten Sachbüchern ist „Principles: Life and Work“ ziemlich auf den Punkt und auf hohem Niveau geschrieben. Abgesehen vom biografischen ersten Teil verzichtet Dalio auf lockere Anekdoten und versorgt Sie mit prägnanten Regeln und Taktiken für Leben und Arbeit.

Das bedeutet, dass die Prinzipien von Dalio nur wie Plattitüden klingen und zum einen Ohr hinein und zum anderen wieder hinausgehen, ohne etwas zu verändern, wenn Sie die Lektionen nicht wirklich verinnerlichen. Wie oft haben Sie ein Sachbuch gelesen, nur um dann seine Lehren zu ignorieren und nicht an Ihren Schwächen zu arbeiten?

Ich habe diese Zusammenfassung geschrieben, um die hauptsächlichen Punkte und Themen der „Principles“ zusammenzufassen, damit Sie sich darauf konzentrieren können, sie zu verstehen und sich damit auseinanderzusetzen – und sich nicht in Kleinigkeiten verzetteln. Dalio wiederholt diese Themen in verschiedenen Zusammenhängen und Formulierungen durch das Buch hindurch, und es kann schwer sein, die Muster zu sehen und sich auf die konkreten Prinzipien zu konzentrieren.

In diese Zusammenfassung von „Principles: Life and Work" habe ich auch Abschnitte mit dem Titel „Hören Sie auf zu lesen und machen Sie diese Übung" eingefügt. Ich empfehle Ihnen, tatsächlich mit dem Lesen aufzuhören und die Übungen zu machen. Ich bin sie selbst durchgegangen und habe mir zehn Seiten persönliche Notizen über meine Schwächen und dazu gemacht, wie ich sie verbessern kann.

Noch mehr empfehle ich, das eigentliche Buch zu lesen, in dem Dalio die Argumentation verdeutlicht, die hinter den Prinzipien steht. Diese Zusammenfassung soll lediglich als Grundlage und Verstärkung der Hauptkonzepte dienen. Es kann sein, dass sie nicht ausreicht, um seine Lehren vollständig zu verinnerlichen.

Denken Sie daran, dass es besser ist, sich 20 Stunden mit einem Buch zu beschäftigen, das den Verlauf Ihres Lebens verändern könnte, als ein Buch in fünf Stunden durchzulesen und nichts zu verändern.

ÜBERSICHT ÜBER DIE PRINZIPIEN

- Die Wahrheit zu finden ist das Wichtigste, um die bestmöglichen Entscheidungen zu treffen. Die besten Entscheidungen zu treffen bringt Sie Ihren Zielen näher.
- Zwei Dinge stehen der Wahrheitsfindung im Weg:
  1) Ihr Ego und Ihre Emotionen
  2) Ihre blinden Flecken
- Um diese beiden Barrieren zu überwinden, muss man innerlich *radikal aufgeschlossen* sein und äußerlich *Hilfe von glaubwürdigen Menschen suchen.*
  - Erkennen Sie, dass die Wahrscheinlichkeit, dass Sie eigenständig immer die beste Antwort haben, extrem gering ist.
  - Haben Sie immer Angst davor, dass Sie sich irren und Ihnen Informationen fehlen.
  - Würden Sie *bereitwillig* die Augen vor etwas verschließen, um einen Fehler machen zu können? Die meisten Menschen tun das.
  - Es lohnt sich fast immer, die Wahrscheinlichkeit zu erhöhen, dass Sie recht haben.
  - Sagen Sie nicht: „Ich habe recht." Fragen Sie: „Woher weiß ich, dass ich recht habe?"
- Eine wichtige Wahrheit, die die Menschen häufig ignorieren, sind ihre eigenen Schwächen und Fehler. Das Nachdenken darüber tut ihnen weh.
  - Indem Sie Ihre Schwächen und Fehler ignorieren, behindern Sie sich selbst bei der Erreichung Ihrer Ziele.
  - Fehler und Schmerzen sind die Ermahnung der Natur, zu Lernen. Sie müssen über Ihre Fehler nachdenken und Lösungen für Ihre Probleme gestalten, um sich weiterzuentwickeln.
- 5-Schritte-Prozess, um das Gewünschte zu erhalten.
  - Setzen Sie sich klare Ziele.
  - Identifizieren Sie Probleme und tolerieren Sie sie nicht.
  - Untersuchen Sie Ihre Probleme, um die Ursachen zu finden.

   - ▹ Entwerfen Sie Lösungen zur Erledigung von Problemen
   - ▹ Erledigen Sie die Aufgaben, die zur Erfüllung erforderlich sind.
- □ Der 5-Schritte-Prozess basiert auf dem gesunden Menschenverstand. Aber die meisten Menschen halten sich nicht wirklich daran, und zwar aus einer Vielzahl von Gründen.
   - ▹ Die Menschen haben bei einem oder mehreren dieser Schritte Schwächen. Identifizieren Sie Ihre schwächsten Schritte. Dann werden Sie besser darin oder Sie finden jemanden, der Ihnen helfen kann, Ihre Schwächen zu kompensieren.
- □ Die Menschen sind sehr unterschiedlich gepolt. Sie denken unterschiedlich und haben unterschiedliche blinde Flecken.
   - ▹ Dies fördert Konflikte und Missverständnisse durch schlechte Kommunikation.
   - ▹ Üben Sie fundierten Widerspruch, um den Standpunkt der anderen zu sehen, und gelangen Sie gemeinsam auf rationale Weise zur Wahrheit.
- □ Betrachten Sie sich von oben nach unten als Maschine.
   - ▹ Sie sind sowohl Arbeiter als auch Konstrukteur der Maschine. Sie müssen Ihre Maschine modifizieren, um bessere Ergebnisse zu erzielen.
- □ Am Arbeitsplatz ist die *Ideen-Meritokratie* der beste Weg, um Entscheidungen zu treffen.
   - ▹ Bringen Sie intelligente, unabhängige Denker zusammen, lassen Sie sie durchdacht unterschiedliche Meinungen vertreten und halten Sie sich an vereinbarte Wege, Meinungsverschiedenheiten zu überwinden. Dies wird das beste kollektive Denken ermöglichen.
   - ▹ Damit die Ideen-Meritokratie funktioniert, braucht man:
      - ▸ Radikale Wahrheit – kein Filter für das, was Sie denken
      - ▸ Radikale Transparenz
      - ▸ Fundierten Widerspruch
      - ▸ Glaubwürdigkeitsorientierte Entscheidungsfindung

- Betrachten Sie die Organisation (wie auch das Leben) als Maschine und sich selbst als Ingenieur.
- Jedes Problem kann auf ein Problem in der Maschinenkonstruktion hinweisen. Ignorieren Sie das nicht.
  - Verstehen Sie die Teile der Maschine (die Menschen, die Prozesse, die Kultur) so, wie ein Vorarbeiter seine Werkzeuge versteht.
  - Das Ideal ist es, eine Maschine zu entwickeln, die so gut funktioniert, dass man sich zurücklehnen und die Schönheit des Ablaufs bewundern kann.
- Die Kodifizierung Ihrer Entscheidungsregeln in Grundsätze wird die Qualität der Entscheidungsfindung beschleunigen und verbessern.
  - Betrachten Sie Situationen als „nur noch so eine".
  - Verwenden Sie Werkzeuge, um sich in den Momenten der größten Schwäche an Ihre Prinzipien zu erinnern.

Teil 1

LEBENS-PRINZIPIEN

Der 5-Schritte-Prozess, um das Gewünschte zu erhalten

1. Setzen Sie sich klare Ziele
2. Identifizieren Sie Probleme und tolerieren Sie sie nicht.
3. Diagnose von Problemen, um die Ursachen zu ermitteln.
4. Lösungen zur Problembewältigung entwerfen
5. Erledigen Sie die Aufgaben, die zur Erfüllung erforderlich sind.

Genauer aufgegliedert:

1. Setzen Sie sich klare Ziele

- Seien Sie wagemutig. Was Sie für unerreichbar halten, hängt nur von dem ab, was Sie im Moment wissen.
  - Sobald Sie anfangen, tun sich Wege auf, die vorher unvorstellbar waren.
  - Wenn Sie wissen, dass Sie Ihr Ziel erreichen können, zielen Sie nicht hoch genug.
- Im Idealfall richten sich Ihre Wünsche (ursprüngliche Wünsche) nach Ihren Zielen (rationale Wünsche).
  - Diäten sind hart, weil Ihr Verlangen (leckeres Essen) mit Ihrem Ziel kollidiert (Gewicht verlieren).
  - Wenn die beiden übereinstimmen, wird es einfacher, Ihre Ziele zu erreichen.
- Die Entscheidung, was NICHT zu tun ist, ist oft genauso wichtig wie die Entscheidung, was zu tun ist.
  - Sie können so ziemlich alles haben, was Sie wollen, aber Sie können nicht alles gleichzeitig haben. Lehnen Sie gute Alternativen ab, um noch bessere zu verfolgen.
- Verwechseln Sie Ziele nicht mit Aufgaben.
- Wenn Ihnen automatisch Geld einfällt, sollten Sie sich davor hüten, es als vorrangiges Ziel zu setzen.

- Sinnvolle Arbeit und Beziehungen machen glücklicher als Geld.
- Beginnen Sie mit Ihren echten Nicht-Geld-Zielen, dann arbeiten Sie sich zurück zu dem Geld, das Sie dafür brauchen.
- Laut Dalio sind die Grundlagen – ein gutes Bett, gute Beziehungen, gutes Essen, guter Sex – am wichtigsten und werden nicht viel besser, wenn man mehr Geld hat.

2. Identifizieren Sie Ihre Probleme und tolerieren Sie sie nicht.

- Identifizieren Sie zuerst die größten Probleme.
- Beginnen Sie mit dem Symptom, anstatt nach den Ursachen zu stochern.
  - Beispiel: „Ich kann nicht genug schlafen" ist kein Problem. Das nachgeschaltete Symptom ist: „Ich bringe eine schlechte Arbeitsleistung."
- Ziehen Sie sich selbst zur Verantwortung. Jeder Misserfolg ist Ihr *persönliches* Versagen – das bedeutet, dass Sie nicht kreativ, flexibel oder entschlossen genug waren, das zu tun, was nötig ist.
- Ego und Bequemlichkeit stehen dem Erkennen von Problemen im Weg. Um dies zu überwinden, erkennen Sie, dass das *Nichtanerkennen* von Problemen Sie viel weiter von Ihren Zielen zurückwerfen wird.
  - Betrachten Sie das Leben als Spiel, das Ihnen Herausforderungen auferlegt, mit denen Sie kämpfen und die Sie überwinden müssen (zum Beispiel Dark Souls).
  - Probleme anzuerkennen heißt nicht, vor ihnen zu kapitulieren. Sie werden Wege finden, Probleme zu umgehen.
- Betrachten Sie sich selbst als Maschine, in die Ressourcen und Informationen eingespeist werden und die Ergebnisse liefert.
  - Eine solche Betrachtung von oben nach unten fördert die Objektivität.
  - Wenn Ihre Klimaanlage kaputt ist, würden Sie das tolerieren? Wenn nicht, warum sollten Sie mit sich anders umgehen?

- Dulden Sie Ihre Probleme nicht. Wenn Sie nicht den Willen zum Erfolg haben, dann ist Ihre Situation hoffnungslos.

3. Diagnose von Problemen, um die Ursachen zu ermitteln.

- Sprechen Sie mit relevanten Personen und betrachten Sie gemeinsam die Indizien.
- Machen Sie anderen Menschen klar, dass sie Sie auf Ihre Fehler hinweisen dürfen. Stellen Sie klar, dass sie Sie damit nicht verletzen.
- Nehmen Sie sich Zeit – mehr als 15 Minuten, manchmal Stunden.
- Fragen, die Sie sich stellen sollten:
  - Warum lief es nicht so, wie es sollte?
  - Fragen Sie fünfmal „Warum", um zu den Grundursachen zu gelangen.
  - Handelt es sich bei der Grundursache um ein Muster?
  - Wie sollte ich als Maschine mich als Konsequenz daraus weiterentwickeln?
- Die Arbeitsprinzipien behandeln dies mit mehr Taktiken.

4. Lösungen zur Problembewältigung entwerfen

- Wiederholen Sie die Geschichte dessen, was Sie getan haben, um dorthin zu kommen, wo Sie jetzt sind.
- Betrachten Sie sich selbst als Maschine und finden Sie Veränderungen, um bessere Ergebnisse zu erzielen.
  - *Würden Sie eine Mikrowelle ertragen, die sich alle fünf Sekunden abschaltet, um ihre E-Mails zu überprüfen?*
- Arbeiten Sie sich von einer hohen Ebene nach unten zu spezifischen Aufgaben und Zeitplänen durch.
  - Betrachten Sie Ihren Plan als Filmdrehbuch, um zu visualisieren, wer im Laufe der Zeit was tut.
- Schreiben Sie Ihren Plan auf, damit jeder ihn sehen und sich daran messen kann.

5. **Erledigen Sie die Aufgaben, die zur Erfüllung erforderlich sind.**
   - Priorisieren Sie Ihre To-do-Listen und haken Sie sie in der Reihenfolge ab.
   - Legen Sie klare Maßstäbe fest, um klarzustellen, dass Sie Ihrem Plan folgen.

Taktische Punkte

- Diese Schritte müssen in der richtigen Reihenfolge durchgeführt werden – sonst sorgen Sie sich um Barrieren und vermeiden die Auseinandersetzung mit den wahren Problemen.
  - Denken Sie noch nicht darüber nach, wie Sie ein Ziel erreichen wollen, während Sie es setzen.
  - Machen Sie sich keine Sorgen, wie Sie ein Problem lösen können, wenn Sie es diagnostizieren.
- Schwächen spielen keine Rolle, wenn man Lösungen findet.
- Niemand ist in allen fünf Schritten großartig. Finden Sie heraus, welchen wichtigen Schritt Sie üblicherweise nicht schaffen.
  - Dann beseitigen Sie diese Schwäche.
    - Werden Sie selbst besser.
    - Finden Sie andere Menschen, die Ihre Schwächen ausgleichen.
- Entscheiden Sie, welche Gewohnheiten Sie sich aneignen und welche Sie loswerden wollen.
  - Wenn Sie sich von Ihren drei schädlichsten Gewohnheiten befreien können, werden Sie den Verlauf Ihres Lebens radikal verbessern.
- Visualisieren Sie den Erfolg
  - Sie können sich nach dem Nervenkitzel des Erfolgs sehnen, auch wenn Sie darum kämpfen müssen, ihn zu erreichen, und auch die tragischen Folgen des Nichterreichens spüren.

- „Was tut mehr weh – der Schmerz der harten Arbeit oder der Schmerz des Bedauerns?“
- Das Verlangen als Kern beim Definieren von Gewohnheiten wird in „The Power of Habit“ behandelt.

Hören Sie auf zu lesen und machen Sie diese Übung

1. Gehen Sie den 5-Schritte-Prozess durch.

- Zeigen Sie für den Schritt „Probleme identifizieren“ das größte Einzelhindernis auf, das der Erreichung Ihrer Ziele im Weg steht.

2. In welchem der fünf Schritte sind Sie am schwächsten?

- Was sind Beispiele für Fehler, die Sie gemacht haben, wenn sich diese Schwäche gezeigt hat?
- Listen Sie Wege auf, um diese Schwäche zu umgehen.
- Wen kennen Sie, der in diesem Schritt stark ist und Ihnen bei der Ausführung helfen kann?

Nehmen Sie die Realität an und finden Sie unermüdlich die Wahrheit

Dies ist wahrscheinlich das stärkste Thema des Buches und die größte Barriere, die Menschen hindert, bessere Lebensentscheidungen zu treffen.

Die meisten Prinzipien von Dalio können als aus dieser Wurzel entspringend angesehen werden. In einem Großteil des Buches geht es darum, die Bedeutung der Wahrheitsfindung zu verstehen und wie man sie unter Überwindung gängiger Hindernisse erreichen kann.

Einführung

- Tappen Sie nicht in die Falle, sich zu wünschen, dass die Realität anders wäre. Das bringt Sie nicht weiter.
- Nehmen Sie stattdessen Ihre Realität an und beschäftigen Sie sich damit. Sie müssen *radikal aufgeschlossen* für die Möglichkeit sein, dass Sie sich irren.
- Seien Sie nicht besessen davon, wie die Dinge „sein sollten“. Das beeinträchtigt Ihre Objektivität.
    - Wenn Sie zum Beispiel meinen, etwas sei moralisch falsch, nehmen Sie an, dass Sie falschliegen, und finden Sie heraus, warum das, was die Natur tut, sinnvoll ist.
        - Die Natur optimiert im Sinne des Ganzen, aber die Menschen beurteilen Gut und Böse nur begrenzt danach, wie sie den Einzelnen beeinflussen.
        - Zum Beispiel Hyänen, die ein junges Gnu töten – es kommt einem falsch vor, aber wenn man darüber nachdenkt, ist klar, dass dies gut für die Evolution des Gnus und für das gesamte System ist.
- Um mit dem emotionalen Schmerz der Wahrheitsfindung fertigzuwerden, betrachten Sie das Leben als Spiel, dessen Zweck ist, eine Herausforderung zu meistern und ein Ziel zu erreichen.
    - [Rückschläge sind unvermeidlich, genau wie man „Dark Souls“ nicht auf einen Schlag gewinnen kann.]
- *Sagen Sie nicht: „Ich habe recht.“ Fragen Sie: „Woher weiß ich, dass ich recht habe?“*

- Man kann sich über nichts sicher sein – es gibt immer Risiken, die einem selbst bei den sichersten Wetten schwer schaden können. *Gehen Sie immer davon aus, dass Sie etwas übersehen haben.*

Die beiden Barrieren bei der Erkennung der Realität

- *Ego-Barriere*: der Wunsch, tüchtig zu sein und auch so wahrgenommen zu werden
  - Wir haben das biologische Bedürfnis, geliebt zu werden, wichtig zu sein, gepriesen zu werden; und Ängste, die Liebe zu verlieren, irrelevant zu sein, kritisiert zu werden.
  - Vermeiden Sie den Schmerz nicht – denken Sie darüber nach und würdigen Sie ihn.
  - Ein häufiges Problem, insbesondere bei Leistungsträgern, ist der Wunsch nach den richtigen Antworten. Schule und Eltern neigen dazu, dieses Problem zu verstärken.
    - Wenn Sie es am meisten schätzen, richtig zu handeln, sollte es Ihnen egal sein, ob die richtige Antwort von Ihnen kommt.
  - *Konzentrieren Sie sich darauf, die Wahrheit zu finden, nicht darauf, recht zu haben.*
- *Blinder-Fleck-Barriere:* die Welt durch unsere eigenen voreingenommenen Augen sehen
  - Beispiel: Manche Menschen sehen das große Ganze und übersehen kleine Details; manche sind lineare Denker und andere Querdenker.
  - Man kann nicht schätzen, was man nicht sehen kann, genauso wenig wie eine farbenblinde Person verstehen kann, was Farbe ist.
  - Oft streiten sich zwei Menschen, die die Welt unterschiedlich sehen, wer recht hat, ohne ihre blinden Flecke zu verstehen.

- *Die Lösung für beide Barrieren ist radikale Aufgeschlossenheit* (siehe unten).

Es gibt zwei „Ichs"

- 1) den rationalen, hochrangigen, logischen, bewussten Neocortex 2) die emotionale, niedriger stehende, oft unbewusste Amygdala
- Das Ich der unteren Ebene ist das Ergebnis der Evolution und von automatischen Reaktionen auf eingehende Signale.
  - Ein Tier entscheidet sich nicht dafür, zu fliegen oder zu jagen – es folgt den Anweisungen aus diesem Teil des Gehirns.
  - Die Amygdala treibt unsere Motivationen und Handlungen durch Emotionen voran.
  - Hier befindet sich die Ego-Barriere.
- Das Ich der höheren Ebene ist eine stammesgeschichtlich neuere Entwicklung, die nur beim Menschen vorhanden ist.
  - Das rationale Ich muss die Ego-Barriere der unteren Ebene überwinden.
- *Die beiden Ichs kämpfen um die Kontrolle über Sie. Sie kollidieren miteinander, wenn es darum geht, was Sie sich wünschen und was eigentlich gut für Sie ist.*
  - Das bewusste rationale Ich kann wissen, dass es das Beste für Sie ist, Ihre Schwächen zu verstehen und sich Ihren Misserfolgen zu stellen, aber das unbewusste emotionale Ich scheut davor zurück, um Ihr Ego zu schützen.
  - Wenn Sie wütend auf sich selbst sind, weil Sie eine ganze Packung Eis gegessen haben, ist das das rationale Ich, das mit dem emotionalen, unterbewussten Ich kämpft.
  - Da sich die beiden in verschiedenen Teilen Ihres Gehirns befinden und nicht oft übersprechen, kann es wirklich schwierig sein, Ihre unterbewusst getriebenen Emotionen und Handlungen bewusst zu erklären.

- Oftmals kapert das unterbewusste Ich Ihr Gehirn und Ihre Handlungen und der bewusste Verstand muss sich weigern, den Anweisungen zu gehorchen.
  - Erkennen Sie die Warnzeichen dafür – Herzfrequenz und Atmung sind sympathische Reaktionen, die Ausweichmanöver auslösen sollten, um aus diesem Zustand herauszukommen.
    - Wenn Sie spontan reagieren, kommt es wahrscheinlich zu einer Überreaktion.
  - [Verschiedene Menschen können unterschiedlich gut in der Lage sein, ihr Unterbewusstsein zu regulieren, oder unterschiedliche relative Stärken des Bewussten vs. Unterbewussten haben – zum Beispiel unterschiedliche Willenskraft.]
  - Überlegen Sie bewusst, was die Ursachen für die Amygdala-Kaperungen sind. Trainieren sie Ihr unterbewusstes Ich genauso, wie Sie einem Kind beibringen würden, sich zu benehmen – mit liebevoller Freundlichkeit und Ausdauer.
- Doch die besten Ideen und Entscheidungen entstehen vielleicht aus der Zusammenarbeit der beiden, nicht aus einer völligen Unterwerfung des Unterbewussten.
  - Manchmal „taucht“ die größte Inspiration plötzlich aus unserem Unterbewusstsein „auf“.
    - Das passiert am häufigsten, wenn Sie entspannt sind und nicht bewusst versuchen, sie zu erzwingen.
    - Dalio gefällt transzendentale Meditation, um das Bewusstsein mit dem Unterbewusstsein zu verbinden.
  - Der bewusste logische Verstand prüft dann die Ideen.
- *Wenn Sie mit jemand anderen sprechen, haben Sie es lustigerweise mit seinen „beiden Ichs“ zu tun.* So können Sie eines von vier Gesprächen führen, ohne zu merken, welches Sie führen.
  - Kein Wunder, dass aufbrausendes Verhalten und Missverständnisse so häufig sind.

Nehmen Sie Ihre Fehler an

Das Erkennen von Fehlern und das Fühlen des Schmerzes sind entscheidend, um die Wahrheit zu finden. Im Folgenden einige Konzepte, die Ihnen helfen, über die Ego-Barriere hinweg zu rationalisieren.

- Fehler passieren ständig, und es ist wichtiger, sie zu erkennen und daraus zu lernen, als sie zu vertuschen, was die Probleme verschlimmern kann.
  - Eltern und Schulen betonen zu sehr den Wert der richtigen Antworten. Die besten Schüler sind in der Regel am schlechtesten darin, aus Fehlern zu lernen.
- Schmerz ist in Ordnung. Er ist die Erinnerung seitens der Natur, dass es etwas zu lernen gibt.
  - Schmerz + Reflexion = Fortschritt.
  - Entwickeln Sie einen Reflex, um Schmerzen zu reflektieren, anstatt sie zu vermeiden. Wenn Sie einen Fehler machen, genießen Sie die Chance, besser zu werden, anstatt sich dafür zu schämen.
  - Um an Stärke zu gewinnen, muss man seine Grenzen überschreiten, und das ist schmerzhaft. Wenn Sie keine Schmerzen verspüren, sind Sie wahrscheinlich nicht aggressiv genug mit Ihren Zielen.
  - Menschen, die große Rückschläge akzeptieren, sind am Ende genauso glücklich wie vorher oder glücklicher.
- Geben Sie niemandem außer sich selbst die Schuld an schlechten Ergebnissen.
  - Stellen Sie sich vor, Sie kritisieren Ihren Skilehrer dafür, dass er Ihr Gewicht nicht richtig verlagert hat.
- Jeder Fehler ist ein Rätsel, das, wenn man es löst, einen Edelstein enthüllt.
  - Sammeln Sie diese Preise kontinuierlich, um Ihre Entscheidungsfindung zu verbessern, sodass Sie zu höheren

Spielstufen aufsteigen können, wo die Herausforderungen größer werden.

    - Sehen Sie es als Spiel, bei dem Sie nach und nach Ausrüstung und Werkzeuge sammeln und stärker werden.
        - Sich zu weigern, sich zu verbessern, bedeutet Stagnation.
    - „Wenn sie ein Jahr in die Vergangenheit blicken und nicht schockiert darüber sind, wie dumm Sie waren, dann haben Sie nicht viel gelernt."
- Anpassung durch Versuch und Irrtum ist möglicherweise mächtiger als bewusstes Denken.
    - Zum Beispiel entwickeln sich gehirnlose Viren schneller als die Menschheit mit all ihrem bewussten Denken.

Entwicklung ist die größte Belohnung des Lebens

- Wir haben uns dazu weiterentwickelt, uns nach Selbstvervollkommnung zu sehnen. Dieses Gefühl ist wahrscheinlich viel besser für das Überleben der Art.
- Sie denken, dass Sie nach materiellen Belohnungen (Geld, Häuser) streben, die Sie glücklich machen werden, aber Sie sind tatsächlich langfristig viel zufriedener, wenn Sie sich in einer Sache verbessern.
    - Dinge sind nur der Köder. Die Jagd nach ihnen zwingt uns dazu, zu kämpfen und uns weiterzuentwickeln.
    - Menschen sehnen sich nach Meisterschaft. Deshalb sind Hobbys so beliebt.
- Mit der Zeit werden Sie auf immer höhere Ebenen aufsteigen, sodass das, was einst unmöglich komplex schien, einfach wird.
- Verweigern Sie Menschen, die Ihnen wichtig sind, das, was sie wollen, um ihnen die Möglichkeit zu geben, darum zu kämpfen – was dann zu Stärke führen wird.

Beispiele

- Joseph Campbells Heldenreise
  - Helden beginnen als gewöhnliche Menschen, die von einem Aufruf zum Abenteuer angezogen werden. Dies führt sie auf einen Weg der Prüfungen mit Kämpfen, Erfolgen und Misserfolgen.
  - Sie gewinnen mit der Zeit besondere Kräfte und werden immer erfolgreicher, was zu größeren Schlachten führt.
  - Sie erleben einen sehr großen Misserfolg („Abgrund"), der ihre Belastbarkeit testet; wenn sie es schaffen, durchlaufen sie eine Metamorphose.
  - Sie erhalten letztendlich die größte Belohnung (den ultimativen Segen), nämlich spezielles Wissen darüber, wie man Erfolg hat, das sie während der gesamten Reise erworben haben.
- Dalios größter Misserfolg
  - 1982 während der lateinamerikanischen Schuldenkrise: Er glaubte, dass Mexikos Zahlungsunfähigkeit der Beginn einer Depression war, aber stattdessen führten Kreditrestrukturierungen und Bemühungen der Fed, mehr Geld zur Verfügung zu stellen, zu einem Wiederaufleben der Wirtschaft.
  - Dalio wettete darauf, verlor fast alles, einschließlich seiner Mitarbeiter, er fühlte sich ins Jahr 1975 zurückversetzt und musste mit Bridgewater ganz von vorn anfangen.
  - Sein Interviewzitat, das ihn heute erschaudern lässt: „Es wird keine weiche Landung geben. Das kann ich mit absoluter Sicherheit sagen, denn ich weiß, wie Märkte funktionieren."
- Bei Bridgewater sind die Mitarbeiter dafür verantwortlich, Einträge in ein „Fehlerprotokoll" zu machen. Wenn sie ihre eigenen Fehler protokollieren, ist es in Ordnung; wenn jemand anderes die Fehler für sie protokolliert, sind sie in großen Schwierigkeiten.

Hören Sie auf zu lesen und machen Sie diese Übung

- ☐ Schreiben Sie zunächst die wichtigsten Fehler auf, die Sie in den letzten zwölf Monaten gemacht haben.
- ☐ Stellen Sie Verbindungen her. Welche Muster sehen Sie?
- ☐ Schreiben Sie dann Ihre „große Herausforderung" auf; die Schwäche, die Sie am meisten daran hindert, das zu bekommen, was Sie wollen.
- ☐ Verwenden Sie den obigen 5-Schritte-Prozess, um Ihre Lösung zu planen und um herauszufinden, was genau Sie tun müssen, um diese Schwäche zu überwinden.

Radikale Aufgeschlossenheit

Um die Wahrheit zu erkennen, müssen Sie akzeptieren, dass Sie falschliegen, und unerbittlich Wege finden, die Chancen zu erhöhen, dass Sie recht haben. Dalio nennt das *radikale Aufgeschlossenheit.*

- ☐ *Verstehen Sie, dass Sie blind sind und dass Sie einen Weg finden müssen, um zu sehen.*
  - ▹ Durch schmerzhafte Fehler lernt man, dass man blind ist.
  - ▹ Überprüfen Sie schlechte Entscheidungen, die Sie getroffen haben, weil Sie nicht gesehen haben, was andere gesehen haben. Bitten Sie andere, Ihnen dabei zu helfen.
  - ▹ *Akzeptieren Sie, dass Sie, wenn Sie bereitwillig die Augen vor Ihren Fehlern verschließen, Ihr Potenzial nie maximieren werden.*
  - ▹ Unabhängig davon, wie hoch die Wahrscheinlichkeit ist, dass Sie recht haben, *ist es immer sinnvoll, die Wahrscheinlichkeit zu erhöhen, dass Sie recht haben.*

- Akzeptieren Sie die Möglichkeit, dass andere etwas besser sehen als Sie und Sie auf Gefahren und Chancen hinweisen, die Sie nicht sehen.
    - Menschen, die die besten Entscheidungen treffen, sind selten zuversichtlich, dass sie allein die besten Antworten haben.
        - Bei Charlie Munger und Warren Buffett finden Sie ähnliche Ideen.
    - Sie suchen nach der besten Antwort, die es gibt, nicht nur nach der besten Antwort, die Sie selbst finden können. *Die Wahrscheinlichkeit, dass Sie immer die beste Antwort haben, ist sehr gering.*
    - Wägen Sie die Glaubwürdigkeit der Menschen, von denen Sie Meinungen einholen, ab. Hören Sie nicht einfach auf irgendeine zufällige Meinung.
    - Wenn mehrere glaubwürdige Menschen sagen, dass Sie etwas falsch machen, aber Sie glauben nicht, dass dem so ist, sind Sie wahrscheinlich voreingenommen.
- Das heißt nicht, dass Sie die Durchsetzungsfähigkeit verlieren. Tatsächlich sollte öfter recht zu haben Sie selbstbewusster machen, auch wenn es nicht ausschließlich von Ihnen selbst kommt.
- Mehr zu sehen ermöglicht es Ihnen, bessere Entscheidungen zu treffen, die Sie Ihrem Ziel näher bringen.
- Legen Sie sich NICHT auf eine Meinung fest, bevor Sie Informationen erhalten, nur um dann lediglich Informationen zu sammeln, die diese Meinung bestätigen.
    - *„Ich will mich selbst entscheiden“ ist eine trügerische Denkweise* – gegensätzliche Ansichten sollten Ihre Fähigkeit, sich zu entscheiden, nicht gefährden. Sie können Ihre Entscheidung nur genauer machen.
- Markenzeichen engstirniger Menschen
    - Werden wütend, wenn jemand anderer Meinung ist.
    - Möchten lieber recht behalten als andere Perspektiven zu lernen.

- Machen mehr Aussagen, als sie Fragen stellen.
    - Vor allem Aussagen mit geringem Selbstvertrauen wie „Ich könnte falschliegen, aber …“ Dies signalisiert oberflächlichen Glauben an Aufgeschlossenheit, aber in Wirklichkeit Verankerung in ihrer Meinung.
- Sind nicht in der Lage, mehrere Standpunkte gleichzeitig im Kopf zu behalten – können nur ihren eigenen Standpunkt sofort verarbeiten.
- Finden es peinlich, etwas nicht zu wissen – tendieren dazu, sich eher um den äußeren Anschein zu kümmern.

- Taktiken
    - Wenn Sie sich die Standpunkte anderer Personen anhören, urteilen Sie nicht sofort und versetzen Sie sich in die Person hinein.
        - Bestrafen Sie andere nicht, weil sie ihre Meinung gesagt haben.
        - Machen Sie deutlich, dass Sie ihre Perspektive verstehen wollen und nicht versuchen, ihnen das Gegenteil zu beweisen (sie haben ihre eigenen Egos, mit denen sie zu kämpfen haben).
    - Erkennen Sie Spannungsgefühle und verständnisvolle Reaktionen. Dabei handelt es sich um Signale der Engstirnigkeit. Verwenden Sie dies, um Reaktionen der Beruhigung und Verlangsamung auszulösen.
        - Praktizieren Sie dies, und es wird zur Gewohnheit werden.
    - Überprüfen Sie Ihre vergangenen Fehler und Entscheidungen, die auf unvollständigen Informationen oder blinden Flecken beruhten.
    - Bevor Sie sich entscheiden, fragen Sie sich selbst: „Kann ich auf klare Fakten verweisen, die zu meiner Meinung führen?“
    - Verwenden Sie aufgeschriebene, auch computerprogrammierte Entscheidungsregeln, die Ihnen bei der Entscheidungsfindung helfen.

Kognitive Landkarten x Demut

- Ordnen Sie sich in zwei Dimensionen – Demut/Offenheit – und auf kognitiven Landkarten (was Sie wissen und wie Sie denken) ein.
- Viele Menschen bleiben bei beiden in niedrigen Werten gefangen. Sie wissen wenig und sind überzeugt, dass sie alles wissen [möglicher Dunning-Kruger-Effekt].
- Wenn Sie gute kognitive Karten, aber wenig Demut haben, lassen Sie viel auf dem Tisch liegen, weil Sie sich das entgehen lassen, was Sie nicht wissen.
- Wenn Sie sehr aufgeschlossen sind, aber schlechte kognitive Landkarten haben, wird es Ihnen schwerfallen, die richtigen Menschen und Ideen auszuwählen.

Verlassen Sie sich auf andere

- Die Menschen haben sich dahin entwickelt, dass sie Zusammenarbeit unterstützen und somit Gruppen mehr erreichen können als Einzelpersonen.
  - Dies führte zur Entwicklung von Altruismus, Moral und Ehre.
- Sie werden nie in der Lage sein, sich selbst die meiste Zeit objektiv zu betrachten. Bringen Sie andere dazu, mit Ihnen radikal ehrlich zu sein, damit Sie die Wahrheit über sich selbst sehen können.
  - Als CEO stellte Dalio eine Betriebsleitung zusammen, die ihn selbst beaufsichtigte.
- Sie werden nie in der Lage sein, alle Dinge zu beherrschen, die notwendig sind, um Ihre Ziele zu erreichen.
  - *Würden Sie Einstein in Ihrer Basketballmannschaft haben wollen?*

    - Seien Sie nicht verärgert, wenn Sie herausfinden, dass Sie etwas schlecht können – seien Sie froh, dass Sie es herausgefunden haben, denn das wird Ihre Chancen verbessern, Ihr Ziel zu erreichen.
    - Sie können versuchen, an Ihren Schwächen zu arbeiten, aber prüfen Sie, ob das mit Ihrer Natur vereinbar ist. Wenn nicht, ist es wahrscheinlich besser, andere zu bitten, die Lücke zu schließen.
- Finden Sie die im betreffenden Bereich glaubwürdigsten Menschen.
    - Suchen Sie die klügsten Menschen, die Ihnen nicht zustimmen, damit Sie ihre Argumentation verstehen können.
    - Finden Sie andere Menschen, die nicht mit ihnen übereinstimmen, und hören Sie auf ihren fundierten Widerspruch.

Menschen sind sehr unterschiedlich gepolt

- Durch eine Kombination von Genetik und Umwelt kommen die Menschen zu sehr unterschiedlichen Denkweisen.
- Menschen, die sehr unterschiedlich denken, haben Schwierigkeiten, sich gegenseitig zu verstehen, und ignorieren oft den Wert dessen, was sie nicht haben.
    - Zum Beispiel denken abstrakte Denker, dass buchstäblich denkende Menschen keine Fantasie haben, und buchstäblich denkende Menschen meinen, dass abstrakte Menschen pedantische Philosophen sind.
    - Extrovertierte Menschen lieben es, Ideen auszudiskutieren; Introvertierte bevorzugen es, privat zu denken, und sich mitzuteilen, nachdem sie sich mit einem Problem auseinandergesetzt haben.

  - Planer halten sich an einen Plan (auch bekannt als starr und langsam anpassungsfähig), während die Wahrnehmenden die Richtung oft aufgrund neuer Informationen ändern (auch bekannt als launisch).
- Schlimmer noch, die Menschen wissen oft nicht, welche Art von Person sie sind.
- Seien Sie neugierig genug, um verstehen zu wollen, wie die Menschen, die die Dinge anders sehen, dazu gekommen sind, sie so zu sehen.
  - Anstatt frustriert über Menschen und die Entscheidungen zu sein, die sie treffen, erkennen Sie, dass sie nicht absichtlich kontraproduktiv handeln – sie treffen einfach die besten Entscheidungen, die sie basierend darauf, wie ihr Gehirn funktioniert, treffen können.
- Verstehen Sie die Stärken und Schwächen von sich und anderen, um aus jedem das beste Ergebnis herauszuholen.
  - Manager, die den Denkstil der Menschen nicht verstehen, werden nicht verstehen, wie sich ihre Untergebenen in verschiedenen Situationen verhalten werden. Das ist wie bei einem Bauleiter, der nicht versteht, wie sich seine Ausrüstung verhält.
  - Sehen Sie sich stattdessen als Dirigent eines Orchesters, der Menschen in die richtige Balance bringt, um Ihre Vision umzusetzen.
  - Menschen mit komplementären Stärken arbeiten besser zusammen als allein (zum Beispiel ein Visionär und ein Macher).
- Dalios bevorzugte Persönlichkeitsbewertungen
  - Myers-Briggs-Typindikator
  - Workplace Personality Inventory
    - Ausdauer, Unabhängigkeit, Stresstoleranz, analytisches Denken, Leistungsorientierung, Rücksicht auf andere
  - Team Dimensions Profile

        - Schöpfer vs. Veredler vs. Förderer vs. Ausführende vs. Beuger
    - Stratified Systems Theory
    - Big Five
    - Diese verbinden sich zu Archetypen.
        - Zum Beispiel der Verrückte, der unpraktische Künstler, der ordentliche Perfektionist, der Gestalter, der weise Richter et cetera.
- Taktiken
    - Baseballkarten
        - Zuweisen von Personenattributen wie „konzeptionell“, „kreativ“, „entschlossen“ und Aktionen wie „macht andere verantwortlich“ und „drängt zu Ergebnissen“.
        - Menschen, die von Gleichgesinnten bei jeder Entscheidung am besten bewertet werden, haben mehr Gewicht in dieser Dimension, wenn sie andere bewerten.
        - Ein MBTI aus S (Wahrnehmung, Details) und J (planvoll) zusammen mit dem „Macher“ bildet eine klare Erzählung.
    - Wie Sie Ihre Stärken und Schwächen ausgleichen können.
        - Trainieren Sie, durch mentale Übungen Ihre Schwächen zu mildern.
        - Mechanische Bewältigungstechniken
            - Zum Beispiel Alarme für unorganisierte Personen
        - Verlassen Sie sich auf andere Menschen, wenn diese bei einer Sache besser sind als Sie selbst.
- [Ich wünschte, Dalio wäre weiter auf die ideale Zusammensetzung eines Teams, basierend auf den Projektanforderungen, eingegangen; und auf die Frage, wie verschiedene Arten von Menschen besser miteinander kommunizieren sollten, zum Beispiel hohe vs. geringe Sorge um andere.]

Hören Sie auf zu lesen und machen Sie diese Übung

- Denken Sie an jemanden, der oft eine andere Meinung als Sie vertritt.
  - Wofür ist diese Person blind, das Sie oft sehen? Hilft es Ihnen, ihr Denken besser zu verstehen, wenn Sie sie sich als buchstäblich blind für diese Sache vorstellen?
- Wofür neigen Sie, blind zu sein?
  - Wer kann ergänzen, wofür Sie blind sind?

Eigenschaften der „Former"

Als Dalio sich von seiner Rolle als CEO zurückzog, fragte er seine Vorstandskollegen, was seine einzigartige Fähigkeit sei. Sie antworteten, seine Fähigkeit sei, einzigartige und wertvolle Visionen zu „formen" oder zu entwickeln und sie aufzubauen, trotz der Zweifel anderer.

Nun ein kurzer Exkurs zu dem Archetyp, der Dalios Meinung nach am besten zu ihm passt. Er glaubt auch, dass andere wie Steve Jobs, Jeff Bezos und Elon Musk zu diesem Archetyp passen.

Die gemeinsamen Eigenschaften, die sie haben:

- Baseballkarte: Visionär + Praktischer Denker + Entschlossenheit
- Unabhängige Denker an der Schwelle zur Rebellion
- Lassen nicht zu, dass der Erreichung ihrer Ziele etwas im Wege steht.
- Sind widerstandsfähig und mutig, da ihr Bedürfnis, etwas zu erreichen, stärker ist als der Schmerz, den sie erfahren.
- Haben starke mentale Karten davon, wie die Dinge gemacht werden sollten.

- Testen ihre mentalen Karten und ändern sie, damit sie besser funktionieren.
- Haben ein größeres Sichtfeld als die meisten anderen, wobei Sie sowohl das Gesamtbild als auch kleinste Details sehen.
- Sind durchsetzungsfähig und aufgeschlossen zugleich. Sind kreativ, systematisch und praktisch zugleich.
- Intolerant gegenüber Menschen, die für sie arbeiten und nicht exzellent sind.
- Nichts fühlt sich jemals gut genug an, und diese Kluft ist sowohl eine Tragödie als auch eine ständige Quelle der Motivation.
- Haben im Allgemeinen einen niedrigen Rang in der Kategorie „Sorge um andere" – vor allem weil sie, wenn sie zwischen der Erreichung ihres Ziels und der Zufriedenheit anderer wählen müssen, jedes Mal ihr Ziel wählen.
- Haben über Jahrzehnte hinweg mit kontinuierlichen Erfolgen Erfolg, anstatt einmal für viel Geld einen Exit ihres Unternehmens durchzuführen (diese könnten als „Erfinder" bezeichnet werden)

Fundierter Widerspruch

Aufgeschlossenheit wird Sie dazu bringen, andere intelligente Menschen zu suchen und ihre Standpunkte zu erforschen. Dies kann im Gespräch zu Konflikten zwischen den vier Ichs führen. Im Folgenden die Prinzipien zum fundierten Widerspruch:

- Ihr Ziel ist es, herauszufinden, welche Ansicht wahr ist, und zu entscheiden, was Sie dann tun sollen.
  - Ihr Ziel ist NICHT, die andere Partei davon zu überzeugen, dass Sie recht haben.
- Die primäre Motivation ist die Angst, wichtige Perspektiven zu übersehen.
  - *Was schmerzt mehr – falschzuliegen oder das Ziel zu verfehlen?*

- Oftmals haben Menschen eine natürliche Abneigung gegen Meinungsverschiedenheiten – um den sozialen Zusammenhalt zu erhalten oder emotionale Explosionen zu vermeiden.
    - Der Trick ist, fundierten Widerspruch zuzulassen, ohne emotionale Explosionen auszulösen.
- Seien Sie aufgeschlossen und durchsetzungsfähig zugleich.
    - Sie müssen die Dinge durch die Augen des anderen sehen und gleichzeitig klar kommunizieren, wie Sie die Dinge sehen. Daraus werden die besten Ideen entstehen.
- Taktiken
    - Verwenden Sie Fragen, anstatt Aussagen zu machen.
    - Diskutieren Sie ruhig und leidenschaftslos und ermahnen Sie den anderen bei Abweichungen davon.
        - Stellen Sie Fragen wie: „Möchten Sie, dass ich meine Gedanken offen mitteile oder sie für mich behalte?"
        - „Versuchen wir, die beste Option zu erreichen, oder versuchen wir, für unseren eigenen Standpunkt zu kämpfen?"
    - Beschreiben Sie der anderen Person deren Perspektive, um deutlich zu machen, dass Sie sie verstehen.
    - 2-Minuten-Regel – Sie können einen kurzen Zeitraum wählen, um Ihre Hauptgedanken ohne Unterbrechung zu verdeutlichen.
    - Finden Sie die glaubwürdigsten Menschen in dem Bereich und hören Sie auf ihren fundierten Widerspruch. Beziehen Sie intelligente Menschen ein.
    - Wenn Sie nicht zu einer Einigung kommen können, finden Sie eine Person, die Sie beide respektieren, als Schlichter.
    - Sehen Sie Vorschläge nicht automatisch als Kritik.
    - Konzentrieren Sie sich mehr auf die Substanz des Gesagten als auf den Stil.
- Siehe auch unten: Wie man sich aufeinander abstimmt und weiterhin an einem Strang zieht.

Wie man Entscheidungen effektiv trifft

Wie treffen Sie die beste Entscheidung für sich selbst, nachdem Sie Informationen gesammelt haben? Jede Entscheidung hat zwar ihre eigenen Besonderheiten, aber hier sind die allgemeinen Prinzipien.

Richtig lernen

- Seien Sie radikal aufgeschlossen.
- Fassen Sie die Situation zusammen.
  - Gewinnen Sie einen Überblick über das Ausmaß – einige Themen oder Fakten sind wichtiger als andere.
  - Verwechseln Sie Meinungen nicht mit Fakten.
  - Synthese im Laufe der Zeit
    - Beobachten Sie die *Änderungsrate* sowie das *Basisniveau.*
    - Viele sehen, dass etwas besser wird, ignorieren aber, dass es nicht schnell genug besser wird.

Vereinfachen

- Fokussieren Sie sich auf die allgemeine Verständnisebene des „im Großen und Ganzen".
  - Konzentrieren Sie sich nicht auf Grenzfälle oder darauf, ob es „vollständig wahr" ist.
- Verwenden Sie die 80/20-Regel, um zu sehen, welche 20 Prozent der Faktoren 80 Prozent des Ergebnisses ergeben.
- Navigieren Sie durch Abstraktionsebenen.

- ▹ Verwenden Sie die Metapher „über der Linie“ für Hauptpunkte und „unter der Linie“ für detaillierte Unterpunkte.
- ▹ Gehen Sie nur dann unter die Linie, wenn es notwendig ist, um einen Hauptpunkt zu veranschaulichen. Verlieren Sie sich nicht in Details.

Richtig entscheiden

- □ Werden Sie sich über die Kriterien klar, die Ihrer Entscheidungsfindung zugrunde liegen, und systematisieren Sie sie (mehr dazu weiter unten).
- □ Nutzen Sie niemals die erste verfügbare Option (mehr dazu unten).
- □ Führen Sie Erwartungswertberechnungen durch.
  - ▹ Alles hat eine Wahrscheinlichkeit und Belohnung dafür, dass es richtig ist, und eine Wahrscheinlichkeit und Strafe dafür, dass es falsch ist.
    - ▸ Die Wahrscheinlichkeit ist wichtiger als die Möglichkeit (die binär ist).
  - ▹ Es ist in Ordnung, ein Risiko einzugehen, wenn die Erfolgsaussichten gering, aber die Vorteile sehr groß sind, während die Nachteile gering sind.
  - ▹ Es ist nicht in Ordnung, eine Option auszuschließen, nur weil mit ihr etwas nicht stimmt.
- □ Die Entscheidung, was NICHT zu tun ist, ist genauso wichtig wie die Entscheidung, was zu tun ist.
  - ▹ Stichwort Warren Buffett: Wenn du nur acht Investitionen in deinem Leben machen könntest, wären die Investitionen viel besser.
- □ Entscheiden ohne Emotionen
  - ▹ Konvertieren Sie Prinzipien in Algorithmen und lassen Sie den Computer mit Ihnen entscheiden.

- Finden Sie heraus, wann es besser ist, sich zu entscheiden, als mehr Informationen zu sammeln.
- Verwenden Sie Prinzipien, um Ihre Entscheidungen zu beschleunigen.

Systematisieren Sie Ihre Entscheidungsfindung mit Prinzipien

- Prinzipien sind Grundwahrheiten, die es Ihnen ermöglichen, schnell bessere Entscheidungen zu treffen.
- Denken Sie an Ihre Prinzipien für die Entscheidungsfindung, schreiben Sie diese in Worten und Algorithmen auf, testen Sie sie im Backtest und nutzen Sie sie in Echtzeit parallel zu Ihrem Gehirn.
- Wenn Sie eine Situation als „noch so eine" erkennen, können Sie sich einfach auf Ihre Regeln als Abkürzung für eine gute Entscheidungsfindung beziehen.
- Gute Prinzipien sind zeitlos.
    - Haben Sie Respekt vor der Geschichte – was Sie sehen, ist vielleicht noch nie zuvor in Ihrem Leben passiert.
    - Beispiel: 2008 zeigte Bridgewaters „Depressionsuhr" ein Platzen der Schuldenblase an, da die Kosten für den Schuldendienst die prognostizierten Cashflows übertrafen und die Zinssätze so nahe bei null lagen, dass sie den Abschwung nicht umkehren konnten. Dalio studierte den Geschichtsverlauf und ging Tag für Tag die Große Depression und die Weimarer Republik durch, um sie mit dem zu vergleichen, was gerade geschah.
- Unter den Menschen werden die Prinzipien/Kriterien/Regeln zum Substrat für Meinungsverschiedenheiten. Anstatt über die Schlussfolgerungen zu streiten, streiten Sie über die Prinzipien. Wenn Sie sich auf die Grundsätze einigen, dann sollten Sie sich auch auf die Entscheidung einigen.

- **Beispiele**
  - Dalio begann mit der Niederschrift seiner Entscheidungskriterien für das Trading, sodass er, wenn er einen Trade beendete, darüber nachdenken konnte, wie gut die Kriterien funktionierten. Er führte für die Kriterien einen Backtest über ein Jahrhundert in jedem verfügbaren Land durch.
  - Bridgewater begann Ende der 1970er-Jahre mit dem Einsatz von Computern, um Trading-Kriterien zu automatisieren und Trading-Entscheidungen als Reaktion auf die Umwelt zu treffen. Indikatoren sollten sich verschiebende Fundamentaldaten erfassen und trendfolgende Filter Preisbewegungen bestätigen. Wenn beide in die gleiche Richtung zeigten, war das ein starkes Signal.
  - Er hat damit begonnen, das Management und die menschlichen Beziehungen durch Tools wie die Aufzeichnung aller Meetings, den „Dot Collector" und den „Pain Button" zu automatisieren. Computer können Datenpunkte über Personen aufnehmen und herausfinden, wie man für jedes Projekt das Beste aus den Personen herausholt.

Niemals die erste verfügbare Option nutzen

- Wenn Sie die Wahl zwischen zwei schwierigen Optionen haben, suchen Sie intensiver nach einer neuen Lösung, die Sie noch nicht gefunden haben.
- **Beispiele**
  - Pure Alpha
    - Bei der Geldanlage schien es, dass Bridgewater entweder risikoreiche Wege mit hoher Rendite oder risikoarme Wege mit niedriger Rendite einschlagen konnte. Ersteres könnte den totalen Ruin bedeuten, Letzteres ist unergiebig.

        - Stattdessen stellte Dalio fest, dass jeder inkrementelle nicht korrelierte Vermögenswert das Ertrags-Risiko-Verhältnis verbessern und das Risiko, in einem bestimmten Jahr Geld zu verlieren, verringern könnte.
        - Dies führte zu Bridgewaters Flaggschiff-Fonds Pure Alpha, der in den letzten fast 30 Jahren einen Jahresdurchschnitt von 18 Prozent erzielte.
    - Die Kultur von Bridgewater
        - In den 1990er-Jahren gaben Rays Kollegen ihm Feedback darüber, dass seine Offenheit dazu führt, dass sie sich inkompetent und gedemütigt fühlen, und Toxizität erzeugt. Es schien, als könnten sie eines von zwei Dingen haben: 1) radikal ehrlich sein und Schwächen an die Oberfläche bringen, 2) zufriedene und glückliche Mitarbeiter haben.
        - Ray begann zu verstehen, dass Menschen, die ihm nicht so nahestanden, seine Prinzipien nicht kannten und seine Direktheit falsch interpretierten.
        - Dies veranlasste Ray, seine Führungsprinzipien schriftlich festzuhalten, zu erklären, warum radikale Transparenz entscheidend für den Erfolg war, und einen Rahmen für die Lösung von Meinungsverschiedenheiten zu schaffen.

Gewichtung der Folgen 2. und 3. Ordnung

- Lassen Sie sich nicht von kurzfristigen Konsequenzen 1. Ordnung davon abhalten, die eigentlichen Ziele zu erreichen.
    - Zum Beispiel Fitness: Eine Konsequenz 1. Ordnung sind die Schmerzen während des Trainings oder der Diät. Eine Folge 2. Ordnung ist die Gesundheit. Konsequenzen 3. Ordnung sind Glück, Attraktivität et cetera.

- ▹ Umgekehrt können verlockende Folgen 1. Ordnung für die Nachteile blind machen (zum Beispiel Rauchen).
- ▹ Die Natur kann uns sogar trickreiche Entscheidungen vorsetzen, die Menschen bestrafen, die kurzfristige Entscheidungen allein aufgrund der Folgen 1. Ordnung treffen.

Komplexe Systeme als Maschinen visualisieren

Ein beliebtes Thema von Ray Dalio ist es, die Dinge von oben nach unten als Maschine zu betrachten und sich selbst als Konstrukteur der Maschine zu sehen.

Das gilt für Sie als Maschine im Leben und es gilt auch für Unternehmen (siehe dazu die Arbeitsgrundsätze unten).

- ◻ Wenn Sie nur von unten nach oben schauen, wird Ihre Fähigkeit, universelle Gesetze zu finden, eingeschränkt.
- ◻ Wenn Sie den Menschen von oben nach unten als eine von Millionen von Tierarten sehen, werden Sie die großen Gemeinsamkeiten sehen, die wir mit Tieren haben.
  - ▹ „Wir haben die Intelligenz von Moos, das auf einem Felsen wächst, im Vergleich zur Natur als Ganzes. Wir sind nicht in der Lage, eine Mücke zu entwerfen und zu bauen, geschweige denn alle Arten und die meisten anderen Dinge im Universum."
- ◻ Ganze Systeme können funktionieren, indem der Einzelne nur sein Eigeninteresse versteht und nicht das gesamte Spiel.
  - ▹ Beispiel: Sex ist ein höllischer Anreiz in Form von Vergnügen, aber er fördert die DNA auf Systemebene, ohne dass die Menschen daran denken.

Für das Leben

- ☐ Betrachten Sie sich selbst als Maschine, die innerhalb einer Maschine arbeitet. Sie sind sowohl ein Arbeiter als auch ein Konstrukteur. Sie können Ihre Maschinen modifizieren, um bessere Ergebnisse zu erzielen.
- ☐ Gestalten Sie das Team in der Maschine so, dass es dem Ergebnis am besten entspricht.
  - ▹ Zum Beispiel ist es ein militärisches Ziel, einen Hügel von einem Feind einzunehmen. Zuerst entwerfen Sie Ihre Maschine: zwei Kundschafter, zwei Scharfschützen, acht Infanteristen et cetera. Dann bringen Sie die richtigen Leute in die richtige Position, um das beste Ergebnis zu erzielen.
- ☐ Das „Designer-Ich" muss herausfinden, ob das „Arbeiter-Ich" wirklich in der Position angemessen und vertrauenswürdig ist oder entlassen werden muss.
- ☐ Berücksichtigen Sie die Regeln/Algorithmen, die Sie für die Entscheidungsfindung verwenden. Wenn sie zu einem falschen Output führen, müssen die Gewichtungen oder Regeln geändert werden.
- ☐ *Stellen Sie sich Ihre Zeit und Mühe so vor, als würden sie in Investitionen angelegt. Wenn das ROI schlecht ist, dann streichen Sie diese Investition.*
  - ▹ Nehmen wir an, Sie haben 1.000 US-Dollar investiert und wissen, dass die Investition in zwei Jahren wertlos sein wird. Sie haben jetzt die Möglichkeit, Geld abzuziehen. Würden Sie es investiert lassen?
    - ▸ Offensichtlich nicht. Wieso ist es mit Ihrer Zeit anders?
- ☐ Seien Sie so unerbittlich gegenüber Ihren Schwächen, wie Sie es auch gegenüber Ihrem Computer sein würden, wenn er ausfiele.
  - ▹ Das muss repariert werden.

Für die Wirtschaft

- Dalio visualisierte die Auswirkungen von Rohstoffen aufeinander – die Menge der Tiere und das Gewicht, das sie zugenommen hatten, prognostizierten die Nachfrage nach Mais und Soja.
- Betrachten Sie Systeme aus einer detaillierten Perspektive.
    - Anstatt Angebot und Nachfrage als verkaufte Massenmengen zu sehen, messen Sie die Nachfrage als den ausgegebenen Betrag; schauen Sie, wer die Käufer und Verkäufer sind und warum sie kaufen und verkaufen.
    - In der Betriebsbuchhaltung sind Gewinne aus dem Kerngeschäft und spekulative Gewinne aus Preisänderungen voneinander getrennt. Dies zeigt eine „risikoneutrale" Position, über die hinaus man auf Wunsch spekulieren könnte.
    - Bridgewater entdeckte um 2010 eine Schuldenkrise in Europa. Die politischen Entscheidungsträger in Europa verstanden nicht genau, wer die Kreditnehmer und Kreditgeber waren und wie sich ihre Fähigkeiten zur Kreditaufnahme und -vergabe mit den Marktbedingungen ändern würden. Sie sahen die Anleger als einen einzigen „Markt", der mit großen Impulsen beeinflusst werden konnte.
- Systeme sind von Natur aus selbstkorrigierend.
    - Wenn es zu viel Angebot auf einem Markt gibt, werden die Preise sinken, die Unternehmen werden in Konkurs gehen und das Angebot auf die Nachfrage reduziert werden.

Teil 2
ARBEITS-PRINZIPIEN

Arbeitsprinzipien sind eigentlich nur eine Erweiterung der Lebensprinzipien auf die organisatorische Ebene. Das ultimative Ziel ist es, die Wahrheit zu finden, indem man die Stärken der Gruppe nutzt. Der Trick ist, dies mit Bedacht zu tun und dabei die unvermeidlichen emotionalen Konflikte zu umgehen.

Einführungspunkte

- Eine großartige Organisation hat großartige Menschen und eine großartige Kultur.
  - Großartige Menschen haben einen großartigen Charakter und großartige Fähigkeiten.
    - Das eine ohne das andere ist gefährlich.
  - Menschen, die nicht auf die Mission ausgerichtet sind, werden für unterschiedliche, widersprüchliche Ziele arbeiten.
- *Eine Ideen-Meritokratie ist das beste System, um Entscheidungen zu treffen.*
  - Bringen Sie intelligente, unabhängige Denker zusammen, lassen Sie sie durchdachten Widerspruch üben und halten Sie sich an vereinbarte Wege, um Meinungsverschiedenheiten zu überwinden. Dies wird das beste kollektive Denken ermöglichen.
  - Dies wird erreicht durch:
    - Radikale Wahrheit
    - Radikale Transparenz
    - Fundierten Widerspruch
    - Glaubwürdigkeitsorientierte Entscheidungsfindung
- Betrachten Sie die Organisation als Maschine, bestehend aus Kultur, Menschen und Prozessen.
  - Das Ziel ist es, eine Maschine zu entwickeln, die so gut funktioniert, dass Sie sich zurücklehnen und die Schönheit des Ablaufs bewundern können.

- ▹ Vergleichen Sie die Ergebnisse mit den Zielen; wenn die Ziele verfehlt werden, dann stimmt etwas nicht mit den Menschen oder der Konstruktion der Maschine.

Radikale Wahrheit und radikale Transparenz

- ☐ Um großartig zu sein, kann man das, was nicht verhandelbar ist, nicht in einen Kompromiss einbeziehen.
  - ▹ Nicht verhandelbar ist es, die objektive Wahrheit herauszufinden und die beste Entscheidung zu treffen.
  - ▹ Wo man Kompromisse machen kann: Emotionen, Ego, Angst, „kleine Geschäfte", die von der „großen Sache" ablenken, die Wirklichkeit zu kennen und dementsprechend zu handeln.
- ☐ Je mehr wahrheitsgetreue Informationen Sie zur Verfügung haben, desto besser sind die Entscheidungen, die Sie treffen können.
  - ▹ Deshalb sind radikale Wahrheit und Transparenz wichtig.
  - ▹ Das Lernen wird verstärkt, wenn jeder in der Lage ist, zu hören, was jeder andere denkt.
  - ▹ Die Wahrheit vor den Menschen zu verbergen ist, wie wenn man seine Kinder zu Erwachsenen werden lässt, die noch an die Zahnfee glauben.

Radikale Wahrheit heißt, nicht zu filtern

- ☐ Die eigenen Gedanken und Fragen zu offenbaren lässt Probleme schonungslos sofort in Erscheinung treten, anstatt sie zu verbergen.

    - Dies bietet die Möglichkeit, fundiert zu widersprechen und die Dinge durch die Augen des anderen zu sehen.
    - Jeder hat nicht nur das Privileg, sondern auch die Pflicht, sich öffentlich zu äußern.
    - *„Es ist einfach: Filtern Sie einfach nicht."*
    - Beispiel: Ein Mitarbeiter hat Ray eine E-Mail geschickt: „Du verdienst eine 4- für deine Leistung im Meeting ... Es war offensichtlich, dass du dich überhaupt nicht vorbereitet hattest."
- Das Gegenteil davon ist, seine wahren Gedanken sowie Probleme und Meinungsverschiedenheiten zu verbergen.
    - Dies geschieht an vielen (den meisten?) Arbeitsplätzen.
    - Dies verschärft Missverständnisse oder Meinungsverschiedenheiten und führt zu größeren Konflikten und Spaltungen.
- Radikale Wahrheit kann kurzfristig schmerzhaft, aber langfristig hilfreich sein.
    - Oft ist der Preis dafür offene Kritik und Unbehagen. Aber dabei handelt es sich um strenge Liebe, und es ist ein Zeichen der Fürsorge, den Menschen zu sagen, was sie verbessern müssen.
        - „Wenn ich dachte, dass jemand etwas Dummes macht, sagte ich das und erwartete, dass sie es mir sagen, wenn ich etwas Dummes mache ... so sehen starke und produktive Beziehungen aus. Eine andere Vorgehensweise wäre unproduktiv und unethisch."
    - Die Menschen müssen die oben genannten Punkte der „Annahme der Realität" auf individueller Ebene verinnerlichen. Schmerz + Reflexion = Fortschritt, auf organisatorischer Ebene.
    - Wenn Sie klar vermitteln, was Sie tun und warum, wird es keine Missverständnisse geben. Die Menschen werden verstehen, warum Sie hart zu ihnen sind.
    - Denken Sie daran: Das Ziel ist es, zur Wahrheit zu gelangen, nicht zu beweisen, dass jemand recht oder unrecht hat.

- Es ist viel einfacher, das, was Sie sagen und was Sie fühlen, aufeinander abzustimmen. Sie können sich auf die wichtigsten Dinge konzentrieren und werden glücklicher sein.
- Es muss akzeptabel sein, Fehler zu machen. Es muss inakzeptabel sein, nicht aus ihnen zu lernen.

Wie man sich aufeinander abstimmt und weiterhin an einem Strang zieht

- Sich aufeinander abzustimmen bedeutet, alle Ebenen in Einklang zu bringen und Missverständnisse und Meinungsverschiedenheiten zu lösen. Um dies zu erreichen, ist radikale Wahrheit notwendig.
- *Priorisieren Sie die Abstimmung der wichtigsten Themen mit den glaubwürdigsten Parteien.*
  - Erstellen Sie eine Liste von Meinungsverschiedenheiten bezüglich der Priorität.
  - Wägen Sie ab, wann es sich um Chirping (sich beschweren, ohne das Gesamtbild zu berücksichtigen, oder Engstirnigkeit zu reflektieren) handelt.
- Die Menschen müssen fundierten Widerspruch üben und radikal aufgeschlossen sein, um zu einer gemeinsamen Haltung zu kommen.
  - Identifizieren Sie engstirnige Menschen und gehen Sie entsprechend mit ihnen um.
- Seien Sie aufgeschlossen und durchsetzungsfähig zugleich.
  - Sie müssen die Dinge durch die Augen des anderen sehen und gleichzeitig klar kommunizieren, wie Sie die Dinge sehen. Dies ist für die Ideen-Meritokratie unerlässlich.
  - Die meisten Menschen finden es einfacher, durchsetzungsfähig zu sein (da sie Ego-Bindungen haben und es einfacher ist, zu vermitteln, wie man selbst die Dinge sieht, als sich in jemand einzufühlen). Erinnern Sie sie daran,

dass die wahren Gewinner diejenigen sind, die ihre Meinung ändern, da sie etwas gelernt haben.
    - Einige sind zu schnell bereit, die Schlussfolgerungen anderer zu akzeptieren. Das Verstecken der eigenen Standpunkte wird die Ideen-Meritokratie behindern, da einige Ideen besser sein könnten.
- *Vorschläge und Fragen sind nicht dasselbe wie Kritik.*
    - Eine Person, die Vorschläge macht, ist vielleicht nicht zu dem Schluss gekommen, dass ein Fehler gemacht *werden wird* – es handelt sich nur um eine nochmalige Überprüfung.
    - „Vorsicht vor dem Eis" vs. „Sie sind unvorsichtig und halten nicht nach dem Eis Ausschau."
- Meetings durchführen
    - Machen Sie klar, auf welcher Ebene die Besprechung stattfindet (Prinzip/Maschinenebene, Einzelfall, spezifisches Faktum).
    - Machen Sie klar, wer das Meeting leitet und was die Ziele sind.
    - Wiederholen Sie die Frage, um Klarheit darüber zu haben, was gefragt und beantwortet wird.
    - Beschränken Sie die Beteiligung auf diejenigen, die Sie für Ihre Ziele am meisten schätzen.
        - Drei bis fünf intelligente Menschen können besser als 20 sein, was auf den abnehmenden marginalen Vorteil neuer Perspektiven und die Ineffizienz in der Gruppenkoordination zurückzuführen ist.
    - Wenn jemand Unerfahrenes eine Stellungnahme abgibt, gewichten Sie die Kosten für die Erforschung der Stellungnahme im Vergleich zum Gewinn bei der Bewertung seines Denkens.
    - Vermeiden Sie Abschweifungen vom Thema, indem Sie das Gespräch auf einem Whiteboard festhalten und verfolgen, sodass jeder sehen kann, wohin es führt.

- ▹ Nutzen Sie für regelmäßige Sitzungen standardisierte Sitzungspläne.

- ☐ Taktiken
  - ▹ Gehen Sie zunächst davon aus, dass Sie nicht gut kommunizieren oder zuhören, anstatt die andere Partei zu beschuldigen.
  - ▹ Wiederholen Sie, was Sie hören, um sicherzustellen, dass Sie es richtig verstanden haben.
  - ▹ Kümmern Sie sich mehr um die Substanz als um den Stil.
    - ▸ Wenn Sie sich durch den Kommunikationsstil von jemandem gestört fühlen, machen Sie daraus ein separates Thema.
  - ▹ Wenn eine der Parteien zu emotional ist, um logisch zu denken, verschieben Sie das Gespräch um Stunden oder Tage.
  - ▹ Wenn jemand sagt: „Ich habe das Gefühl, dass [X] wahr ist", fragen Sie: „Ist es wahr? Woher wollen Sie das wissen?", um die Person in der Realität zu verankern.
  - ▹ Verwenden Sie bei einer ununterbrochenen Diskussion von Punkten die 2-Minuten-Regel.
  - ▹ Nehmen Sie sich vor selbstbewussten Schnellrednern in Acht. Sie sagen selbstbewusst Dinge schneller, als man verstehen kann, um Einwände zurückzudrängen; besonders effektiv gegenüber Menschen, die befürchten, dumm dazustehen.
    - ▸ Um sie zu neutralisieren, sagen Sie: „Es tut mir leid, dass ich so langsam bin, aber ich muss Sie bremsen, um zu verstehen, was Sie sagen."
  - ▹ Beenden Sie das Gespräch mit der Angabe der Schlussfolgerungen.
    - ▸ Wenn es keine Einigung gibt, sagen Sie das.
    - ▸ Wenn weitere Maßnahmen beschlossen wurden, erstellen Sie eine Aufgabenliste und weisen Sie die Aufgaben bestimmten Personen zu, die sie fristgerecht erledigen sollen.

    - Erringen Sie einen Vorteil in Ihrer Kommunikation, indem Sie sich austauschen.
    - Kommunikation, die dazu bestimmt ist, zu unterrichten, sollte mehr Menschen einbeziehen als diejenige, die dazu bestimmt ist, die beste Antwort zu finden.
        - Sie nicht einzubeziehen wird die Moral untergraben.

Durch radikale Transparenz kann jeder alles sehen

- Bei Bridgewater bedeutet das:
    - Alle Meetings und Interviews werden aufgezeichnet.
    - Hinter jemandes Rücken über ihn zu reden ist ein Kündigungsgrund. Das machen nur „schleimige Wiesel".
    - Die Dot-Collector-App macht Bewertungen jeder Person in Echtzeit sichtbar.
    - Baseballkarten zeigen die Stärken und Schwächen aller.
- Vorteile:
    - Reduzierung von Intrigen, da alles öffentlich ist.
    - Reduzierung von schlechtem Verhalten, da es überwacht werden kann.
        - Entgegen dem Rat der Anwälte begrenzte die Aufzeichnung von Meetings das schlechte Verhalten und schützte Menschen, wenn sie wegen etwas beschuldigt wurden, was sie nicht getan hatten.
    - Verhindert das Syndrom, dass Menschen zwei Jobs machen: ihren eigentlichen Job und den Job, die Eindrücke anderer darüber zu verwalten, wie sie ihre Arbeit machen.
    - Gerechtigkeit setzt sich eher durch, anstatt dass Entscheidungen hinter verschlossenen Türen von den Mächtigen getroffen werden.
    - Erstellung von Trainingsszenarien, in denen die Mitarbeiter die Reaktionen in realen Situationen simulieren können.

- ▹ Nutzung der Erkenntnisse aller Mitglieder zur Problemlösung.
- ◻ Wenige Ausnahmen für Transparenz:
    - ▹ Wenn Informationen privat oder persönlich sind und sich nicht auf die gesamte Gemeinschaft auswirken (zum Beispiel Gesundheit).
    - ▹ Wenn die Informationen die langfristigen Interessen der Organisation oder ihrer Kunden gefährden (zum Beispiel Handelsdaten, IP, Sicherheit, Audits von Abteilungen).
    - ▹ Wenn der Nutzen niedrig , aber das Ablenkungsrisiko hoch ist (zum Beispiel Vergütung).
    - ▹ Menschen, die ihre Privilegien verlieren, erhalten keine Transparenz mehr.
    - ▹ Geben Sie keine Informationen an die Feinde der Organisation weiter.
- ◻ Durch Transparenz entsteht ein Schwungradeffekt.
    - ▹ Je mehr Fürsorge man einander entgegenbringt, desto härter kann man miteinander sein, desto mehr leistet man und desto mehr Belohnungen bekommt man.

Vorsichtsmaßnahmen

- ◻ Unehrlichkeit wird vorkommen.
    - ▹ Entscheiden Sie im Einzelfall über Schwere und Umstände. Werden Sie gewohnheitsmäßige Lügner los.
    - ▹ „Undichte Stellen“ sind ein Kündigungsgrund und es müssen „öffentliche Exekutionen“ stattfinden.
- ◻ Eine Anpassungszeit ist nötig
    - ▹ Bei Bridgewater kann die Anpassung 18 Monate dauern.
    - ▹ Menschen können sich mit mehr Dingen befassen, als sie sollten.
    - ▹ Menschen, die Informationen nicht abwägen können, können die falschen Schlüsse ziehen.

Glaubwürdigkeitsorientierte Entscheidungsfindung

Wie bringt man Fakten und Standpunkte, wenn sie einmal durch die radikale Wahrheit ans Tageslicht gekommen sind, in Einklang, um die besten Entscheidungen zu treffen?

Um die Ordnung aufrechtzuerhalten und die besten Entscheidungen zum Vorschein kommen zu lassen, müssen sich die Menschen auf Verfahren zur Lösung von Meinungsverschiedenheiten einigen und sich an die Schlussfolgerungen halten. Bei Bridgewater ist das Verfahren, das sie anwenden, eine glaubwürdigkeitsorientierte beziehungsweise glaubwürdigkeitsgewichtete Entscheidungsfindung.

- *Die Meinungen glaubwürdigerer Entscheidungsträger werden stärker gewichtet als die Meinungen weniger fähiger.*
  - Die glaubwürdigsten Meinungen kommen von denen, die 1) wiederholt mit der fraglichen Sache Erfolg hatten, 2) ihre Schlussfolgerungen logisch erklären können.
  - Baseballkarten und die Dot-Collector-App helfen bei der Umsetzung.
- Wenn Sie weniger glaubwürdig sind:
  - Wenn Sie etwas nicht erfolgreich tun können, ist es arrogant, anderen zu sagen, wie es gemacht werden soll.
    - Würden Sie behaupten, eine bessere Wurftechnik als Steph Curry zu haben?
    - *Vertreten Sie keine Meinungen über Dinge, von denen Sie nichts wissen.*
  - In diesen Fällen sind Sie der Schüler – verbringen Sie mehr Zeit damit, Fragen zu stellen, um die Logik zu verstehen.
  - Sie sollten auch keine gleichwertige Behandlung Ihrer Idee erwarten – dass der Lehrer genauso sehr versucht, Sie zu verstehen, wie Sie ihn. Das kann Zeit verschwenden.

  - ▹ Führen Sie einen Stresstest Ihrer Ideen mit anderen glaubwürdigen Menschen durch, dann werden Ihre Ideen werden glaubwürdiger.
- ☐ Bringen Sie den Grad der Überzeugung hinter Ihren Meinungen zum Ausdruck: Vorschlag vs. Überzeugung.
  - ▹ Dies wird deutlich machen, wie stark die Menschen Ihre Meinung berücksichtigen sollten.
- ☐ Hören Sie sich eher die Argumentation als die Schlussfolgerung an.
  - ▹ „Welche Daten betrachten Sie? Wie ziehen Sie Ihre Schlussfolgerungen aus den Daten?“
  - ▹ Eine unerfahrene Person kann eine klare Argumentation vorbringen und somit glaubwürdig sein.
- ☐ Wie man Entscheidungen trifft
  - ▹ Wenn die gleichgewichteten und glaubwürdigkeitsgewichteten Stimmen übereinstimmen, ist die Antwort einfach und Sie machen weiter.
  - ▹ Wenn sie unterschiedlicher Meinung sind, entscheiden Sie sich in der Regel für die glaubwürdigkeitsgewichtete Abstimmung.
  - ▹ In einigen Fällen kann die verantwortliche Partei sich über eine glaubwürdigkeitsgewichtete Stimme hinwegsetzen, jedoch auf eigenes Risiko, durch Daten widerlegt zu werden, und entgegen dem Geist der Ideen-Meritokratie.
    - ▸ Wenn Sie dies tun, sollten Sie in der Lage sein, zu definieren, womit Sie nicht einverstanden sind, die Risiken des Irrtums zu verstehen und anderen Ihre Logik zu erklären.
  - ▹ Sie sollten wissen, wann Sie mit der Debatte aufhören sollten. Machen Sie die großen Dinge richtig und machen Sie sich keine Sorgen um die Perfektionierung der kleinen Dinge.
    - ▸ *Aber wenn Sie sich nicht einig sind, wie wichtig es ist, über etwas zu diskutieren, dann sollte es wahrscheinlich diskutiert werden.*

- Wenn der von Ihnen gewünschte Beschluss nicht endgültig entschieden ist, müssen Sie ihn unterstützen.
    - Kümmern Sie sich mehr darum, ob das System fair ist, als darum, ob Sie Ihren Willen durchsetzen können.
    - Der Gruppenzusammenhalt ersetzt Ihre individuellen Wünsche.

Wie man Meinungsverschiedenheiten überwindet

Glaubwürdigkeitsgewichtete Entscheidungsfindung ist das System, das Dalio empfiehlt, um Meinungsverschiedenheiten zu lösen. Aber es kann immer noch zu einem gewissen anhaltenden Groll kommen. So geht man damit um:

- Die Menschen müssen sich an die Richtlinien und Verfahren halten, als hätten Sie einen Streit vor Gericht gebracht.
    - Zwei Menschen dürfen sich nicht darauf einigen, die Prinzipien zu ignorieren, genauso wie sich zwei Menschen nicht darauf einigen dürfen, das Gesetz zu brechen.
- Das Recht auf Debatte ist nicht das Recht, Entscheidungen zu treffen.
    - Die Verantwortung, Entscheidungen zu treffen, liegt allein bei den Entscheidungsbefugten.
- *Lassen Sie sich nicht von kleinen Meinungsverschiedenheiten entzweien, wenn große Übereinstimmungen Sie zusammenschweißen sollten.*
    - Alias „Narzissmus der kleinen Unterschiede“.
    - Beispiel: Protestanten und Katholiken sollten sich wirklich zusammenschließen, weil sie Christus folgen. Stattdessen streiten sie sich über die kleinen Details.
- Lassen Sie wichtige Konflikte nicht ungelöst: an die höhere Ebene leiten oder abstimmen.

- Sehen Sie Meinungsverschiedenheiten von oben nach unten als „nur noch so eine" und haben Sie Verfahren, um sie zu lösen (wie Bridgewaters Coach).
- Lassen Sie nicht zu, dass Menschen das System bedrohen.
  - Lassen Sie die Menschen nicht bis zum Äußersten streiten, über was auch immer und mit wem auch immer – oder argumentieren, dass sie das Recht haben, die auf Prinzipien basierende Meritokratie zu bedrohen.
  - Seien Sie vorsichtig bei Menschen, die die Ideen-Meritokratie für „das Wohl der Organisation" aussetzen.
    - Wenn Menschen genug Energie haben, um ein System zu untergraben, und es auch vorziehen, das zu bekommen, was sie wollen, statt das System zu erhalten, dann wird das System versagen.
- Denken Sie daran: Das Ziel ist es, zur Wahrheit vorzudringen, nicht zu beweisen, dass jemand recht oder unrecht hat.

Personalmanagement

In mehreren nützlichen taktischen Kapiteln stellt Ray Dalio seine Prinzipien für das Personalmanagement vor. Ich würde die Hauptthemen wie folgt zusammenfassen:

- Menschen haben unterschiedliche Werte, Fähigkeiten und Fertigkeiten. Werte und Fähigkeiten sind sehr schwer zu ändern, also stellen Sie keine Menschen ein, denen diese fehlen, und rehabilitieren Sie keine Menschen, denen sie fehlen.
- Suchen Sie die Wahrheit über Fehler und Unzulänglichkeiten. Verwenden Sie gute Messgrößen und überwachen Sie diese regelmäßig.
- Machen Sie Ihren Mitarbeitern deutlich, dass exaktes Feedback und Freundlichkeit das Gleiche sind. Das größte Geschenk, das Sie jemandem machen können, ist die Kraft, erfolgreich zu sein.

- ▫ Treffen Sie die schwere Entscheidung, Menschen zu entlassen, um die Ziele des Unternehmens zu erreichen.

Sinnvolle Beziehungen pflegen

- ▫ Großartige Beziehungen basieren auf gemeinsamen Werten und Interessen, auf der Anwendung ähnlicher Ansätze bei deren Verfolgung, einem vernünftigen und rücksichtsvollen Umgang miteinander und dem gegenseitigen Festhalten an hohen Standards.
  - ▹ Bridgewater ist „ein Familienunternehmen, in dem Familienmitglieder hervorragende Leistungen erbringen oder entlassen werden müssen".
  - ▹ Es ist wichtig, gemeinsame Werte und Ziele zu haben. Menschen, die nicht auf die Mission ausgerichtet sind, werden für verschiedene, widersprüchliche Ziele arbeiten (zum Beispiel mehr Geld verdienen vs. Werte wahren).
- ▫ Menschen wie Partner oder Verwandte zu behandeln, macht Beziehungen mehr als Gegenleistungen.
  - ▹ Menschen, die an die Gemeinschaft glauben, verleihen ihr eine langfristige „felsenfeste Stärke des Engagements".
- ▫ Die Bedingungen des Deals
  - ▹ Seien Sie grundsätzlich rücksichtsvoll miteinander. Im Allgemeinen ist es rücksichtsloser, jemanden daran zu hindern, seine Rechte auszuüben, weil es Sie beleidigt, als dass er es tut.
  - ▹ Streben Sie danach, auf der Seite der Fairness zu stehen: Jede Partei sollte darauf abzielen, einander zu sagen: „Sie verdienen mehr."
  - ▹ Großzügigkeit erfordert weder Fairness noch Anspruch.
    - ▸ Beispiel: Bridgewater startete ein Shuttle von NYC aus. Jemand schlug vor, dass es fair wäre, Fahrer zu entschädigen, die Geld für Benzin ausgeben.

- Warnung: Die meisten Menschen werden so tun, als ob sie in Ihrem Interesse operieren würden, während sie in ihrem eigenen operieren.
  - Schätzen Sie ehrbare Menschen, die fähig sind und Sie auch dann gut behandeln, wenn Sie nicht hinsehen.
- Je stärker die Gemeinschaft ist, desto mehr schützt sie sich vor schlechten Akteuren und wird so stärker.
- Taktiken
  - Bezahlen Sie die Hälfte der Aktivitäten, die das Personal gemeinsam durchführen möchte.
  - Bezahlung von Speisen und Getränken für ausgerichtete Abendessen.

Wie man richtig einstellt

- Die Konsequenzen, jemand Falsches einzustellen, sind enorm.
  - Jahre können vergehen, viele Dollar können für Training und Umschulung ausgegeben werden.
  - Heimtückischere Kosten sind der Verlust der Moral und sinkende Standards.
- Entwickeln Sie erst die Maschine, finden Sie dann die Person.
  - Schaffen Sie ein klares mentales Bild der Werte, Fähigkeiten und Fertigkeiten, die jede Person benötigt, um seine Arbeit gut zu machen. Erstellen Sie dann ein Datenblatt.
    - Fähigkeiten sind Denk- und Verhaltensweisen (zum Beispiel schnelle Lerner, hochkarätige Visionäre) und werden sich kaum ändern.
    - Fertigkeiten sind erlernte Werkzeuge und können in absehbarer Zeit erworben werden.
  - Gestalten Sie KEINE Jobs, die zu den Menschen passen.
  - Es ist ein häufiger Fehler, sich auf das zu konzentrieren, *was* getan werden sollte, und nicht darauf, *wer* dafür verantwortlich sein sollte, festzulegen, was getan werden sollte.

- Systematisieren Sie den Prozess.
  - Überlegen Sie, welche Fragen gestellt werden sollten und wie die verschiedenen Antworten die verschiedenen Kandidaten unterscheiden.
  - Speichern Sie die Antworten, um zu erfahren, wie bezeichnend sie für das spätere Verhalten sind.
  - Für intuitive Beurteilungen können Sie Daten erfassen, um die Track Records später zu messen.
  - Erwägen Sie den Einsatz von Persönlichkeitsbewertungen.
- Denken Sie daran, dass Menschen Personen wie sich selbst auswählen, also versammeln Sie Interviewer, die die Qualitäten und Fähigkeiten verkörpern, nach denen Sie bei der einzustellenden Person suchen (das heißt, die glaubwürdig sind).
- Suchen Sie nach außergewöhnlichen Menschen.
  - Betrachten Sie ihren Hintergrund, um zu sehen, ob sie sich in irgendeiner Weise als außergewöhnlich erwiesen haben.
  - Wenn Sie von einem Mitarbeiter nicht begeistert sind, stellen Sie ihn nicht ein.
  - Dalio mag Menschen, die großartige Fragen stellen.
- Warnhinweise
  - Sprechen Sie mit glaubwürdigen Referenzen, die Ihnen ein klares Bild vom Weg geben können. Die Menschen neigen dazu, ihre Leistungen übertrieben darzustellen.
  - Erfolg in der Schule ist ein begrenztes Maß für: Gedächtnis und Verarbeitungsgeschwindigkeit; Entschlossenheit zum Erfolg; Bereitschaft, Anweisungen zu folgen.
    - Er bewertet nicht den gesunden Menschenverstand, die Vision und die Kreativität.
  - Hüten Sie sich vor unpraktischen Idealisten, die keine praktischen Pläne ausführen, die zu Ergebnissen führen.
- Taktiken
  - Stellen Sie einen Neuling neben einen bewährten Star und sehen Sie, wie gut er sich behauptet.

  - ▹ Zeigen Sie den Kandidaten das Konfliktpotenzial Ihrer Philosophie auf. Bringen Sie sie in Situationen, die die schwierigsten Aspekte Ihrer Prinzipien zeigen.
  - ▹ Finden Sie einen Ausgleich, um sowohl Stabilität als auch Chancen zu bieten.
    - ▸ Bringen Sie Menschen dazu, ihren Wert zu verdienen, statt ihn nur aus Sicherheitsgründen zu akzeptieren.
    - ▸ Bezahlen Sie besser als fair. Dalio ist der Meinung, dass die besten Verhandlungen diejenigen sind, bei denen beide Parteien argumentieren, dass die andere Partei mehr nehmen sollte.
- ☐ Wann immer Sie bereit sind, ein Angebot zu machen, denken Sie ein letztes Mal darüber nach, welche wichtigen Dinge schiefgehen können und wie Sie Wahrscheinlichkeit erhöhen können, dass Sie recht haben.

Wie man Menschen schult, bewertet und klassifiziert

Die Hauptsache ist:

1. Denken Sie an das Ziel.
2. Geben Sie das Ziel den Menschen, die es erreichen können, oder (schlechter) sagen Sie ihnen, was sie tun sollen.
3. Übertragen Sie ihnen die Verantwortung.
4. Wenn sie scheitern, schulen Sie sie und geben Sie ihnen Zeit.
5. Wenn sie den Job danach immer noch nicht erledigen können, geben Sie ihnen einen anderen Job, der ihren Stärken entspricht, oder werden Sie sie los.

- ☐ Es dauert sechs bis zwölf Monate, einen Mitarbeiter grundsätzlich zu kennen.
  - ▹ Dies sollte ein iterativer Prozess mit neuen, auf die Mitarbeiter zugeschnittenen Aufgaben sein.

- Am besten sind mindestens zwei glaubwürdige Ausbilder, die beide ihre Sicht auf den Auszubildenden einbringen.

- Stellen Sie sicher, dass sich die Anreize an den Verantwortlichkeiten orientieren und dass sie die Folgen der Ergebnisse spüren.
- Widerstehen Sie dem Mikromanagement.
  - Sagen Sie den Leuten nicht, was sie tun sollen – das spiegelt Unfähigkeit wider.
  - Schulen und testen Sie und finden Sie heraus, wie sie sich anstellen und warum.
- Die letztendlich verantwortliche Partei ist die Person, die die Folgen des Scheiterns trägt.
  - Es liegt in Ihrer Verantwortung, die richtige Ärztin auszuwählen, da Sie die Verantwortung tragen, wenn sie einen schlechten Job macht.

Bewertung

- Machen Sie einen klaren „Vertrag" darüber, was die Erwartungen an die Arbeit sind.
  - Ohne dies kann man die Menschen nicht dafür verantwortlich machen, dass die Erwartungen nicht erfüllt werden.
  - Mindestens einmal im Quartal die Ziele, Aufgaben und Verantwortlichkeiten überprüfen.
- Bewerten Sie Mitarbeiter mit der gleichen Sorgfalt wie Bewerber.
  - Seien Sie nicht nachsichtig mit den Menschen, nur weil sie keine Außenstehenden sind.
- Messen Sie Menschen mit den gleichen Standards und geben Sie Feedback, das mit den Standards übereinstimmt.
  - Verteilen Sie die Schuld nicht.
  - Messen Sie den stärkeren Performer nicht auf einem höheren Niveau.

- Ihre Kennzahlen sollten klar und unparteiisch sein.
    - Noch besser ist es, die Kennzahlen formell an vorgegebene Konsequenzen (wie Boni) zu binden.
    - *Definieren Sie die wichtigsten Kennzahlen und achten Sie auf deren Überprüfung.*
- Seien Sie präzise bei der Zuordnung spezifischer Ergebnisse zu den Handlungen bestimmter Personen.
    - Jeder hält das, was er tut, für wichtiger, als es wirklich ist.
    - Rechnen Sie die prozentualen Beiträge, die Ihre Mitarbeiter ihrer Überzeugung nach für die Organisation leisten, zusammen, und Sie werden bei weit mehr als 100 Prozent landen (bei Bridgewater waren es 300 Prozent).
- Seien Sie nicht zu selbstbewusst in Bezug auf Ihre Einschätzungen.
    - Beziehen Sie andere glaubwürdige Menschen ein.
    - Stimmen Sie sich mit der Person, der Sie Feedback geben, ab.
- Nehmen Sie Datenpunkte im zeitlichen Verlauf auf, um Muster zu erkennen.
- Beurteilen Sie Menschen sowohl anhand von Argumenten als auch von Ergebnissen.
    - Denn die Ergebnisse liegen oft außerhalb ihrer Kontrolle.
    - „Achten Sie mehr auf den Schwung als auf den Schuss."
- Finden Sie heraus, ob Fehler auf Konstruktionsprobleme (zum Beispiel zu viele Verantwortlichkeiten), Unfähigkeit oder unzureichende Ausbildung zurückzuführen sind.
    - Verwechseln Sie nicht den Mangel an Fertigkeiten mit dem Mangel an Fähigkeiten. Sie riskieren, Zeit mit der Ausbildung zu verschwenden.
- Überprüfen Sie das Verhalten und verhindern Sie schlechtes Verhalten.
    - Mehr Menschen, als Sie denken, werden betrügen, wenn sie die Möglichkeit dazu haben.
    - Führen Sie eine Prüfung durch und erklären Sie es den Mitarbeitern, damit es keine Überraschungen gibt. Das

sollte nicht persönlich genommen werden, so wie Bankkassierer Banken, die das Geld in den Schubladen zählen, nicht verurteilen sollten.

  - Das Prüfungsverfahren sollte den zu prüfenden Personen nicht bekannt sein.
  - Finden Sie Möglichkeiten, die Prüfer zu prüfen, um ein etwaiges Durchwinken zu vermeiden.
  - Verwenden Sie „öffentliche Hinrichtungen", um Regelverstöße zu verhindern.

Feedback geben

- Überlegen Sie, was im Verhältnis zur tatsächlichen Situation gelingt, und was nicht.
  - Versuchen Sie nicht, Komplimente und Kritik um ihrer selbst willen auszugleichen. Anstatt zu feiern, wie großartig wir sind, sollten wir uns darauf konzentrieren, wo wir uns verbessern müssen, denn so sind wir großartig geworden.
  - *Klären Sie, ob die Schwäche oder der Fehler auf die Gesamtbewertung eines Auszubildenden hinweist.*
    - Ein fehlgeleiteter Kommentar von einer übergeordneten Position aus könnte jemanden seine Entlassung fürchten lassen.
- *Genauigkeit und Freundlichkeit sind das Gleiche.*
  - Das größte Geschenk, das Sie machen (und empfangen) können, ist die Kraft, erfolgreich zu sein.
  - Eine Führungsbeziehung sollte sich wie gemeinsames Skifahren anfühlen: Dinge durch Ausprobieren tun und ein gutes Hin und Her fördern.
  - Ermahnen Sie die Personen, sich darauf zu konzentrieren, ob das Feedback wahr ist, und nicht auf die Auswirkungen dieses Feedbacks.

        - Als Manager können Sie sagen: „Klingt das für Sie korrekt?“
    - Dann lernen Sie sie kennen und führen Sie offene Gespräche über die Ursachen.
    - Erinnern Sie sie an den Schmerz und die Notwendigkeit der Reflexion und Wahrheitsfindung.
    - Lassen Sie sie ihre Fehler so deutlich sehen, dass sie motiviert sind, diese zu ändern.

Entscheidungspunkte

- ☐ Menschen in Jobs zu halten, für die sie nicht geeignet sind, ist für das ganze System schädlich.
    - Es gefährdet die Meritokratie.
    - Es hemmt die persönliche Entwicklung der Person.
        - *Sie sollten Personen schulen, anleiten oder entlassen. Rehabilitieren Sie sie nicht.*
    - Rehabilitation bedeutet, die Werte oder Fähigkeiten der Menschen zu verändern.
    - Die Menschen ändern sich nicht so sehr. Es ist am besten, anzunehmen, dass sich ihre Werte und Fähigkeiten nicht ändern, es sei denn, es gibt gute Beweise für das Gegenteil.
- ☐ Widerstehen Sie dem Drang, herauszufinden, was diese Person sonst noch tun kann.
    - Fragen Sie, warum jemand versagt hat und warum dieses Versagen in der neuen Rolle nicht passieren wird.
    - Die Person kann sich darüber ärgern, wieder in einem Job zu sein, der ihr keine Aufstiegsmöglichkeiten bietet.
- ☐ Großartige Menschen sind selten. Denken Sie darüber nach, wie Sie sie behalten können.
    - Ermutigen Sie diese Personen, sich darüber zu äußern, wie die Dinge laufen.

Ihre Organisationsmaschine

Betrachten Sie Ihr Unternehmen als Maschine

- Große Manager sind im Wesentlichen Organisationsingenieure.
  - Sie arbeiten hart daran, ihre Maschinen zu warten und zu verbessern.
  - Sie machen sich Sorgen darüber, was schiefgehen kann. Deshalb untersuchen sie, wie gut die Maschine mit Kennzahlen zurechtkommt.
  - Sie können die Ergebnisse verschiedener Beiträge von Menschen vorwegnehmen. Sie erwarten auch, dass Menschen unvollkommen sind, sodass sie auch mit Fehlern gute Ergebnisse erzielen.
  - Ein hervorragender Manager muss praktisch nichts tun. Die Notwendigkeit von Mikromanagement ist ein schlechtes Zeichen für unsachgemäße Maschinenkonstruktion.
- Ein Fehler in der Leistung der Maschine ist ein Fehler in der Konstruktion oder bei den Menschen.
- Verstehen Sie – wie ein Polier – Ihre Werkzeuge.
  - Wie sich die Werte, Fähigkeiten und Fertigkeiten der Menschen unterscheiden und wie sie mit Zielen gepaart werden sollten.
  - Verstehen Sie auch die Prozesse und Probleme um Sie herum, um fundierte Entscheidungen zu treffen.
    - *[Seien Sie dazu in der Lage, den Job zwei Stufen unter Ihnen zu erledigen.]*
- Jeder Fall sollte als Training und Test Ihrer Maschine betrachtet werden.
  - Besprechen Sie ein Problem sowohl auf Maschinenebene (warum dieses Ergebnis erzielt wurde) als auch auf der Ebene des Einzelfalls (was zu tun ist).

    - Wenn Sie sich nur um den Einzelfall kümmern, ist das Mikromanagement.
  - Wenn Sie nur ein defektes Teil ersetzen, wird es wieder kaputtgehen. Suchen Sie weiter nach Ebenen, um die Maschine wenn nötig neu zu gestalten.

Unternehmensstruktur

- Stellen Sie sich die beste Organisation vor und wählen Sie dann die richtigen Leute dafür aus.
  - Wählen Sie nicht die Leute aus und passen dann eine Organisation an sie an.
- Bauen Sie die Organisation um Ziele, nicht um Aufgaben herum auf.
  - Marketing und Kundenbetreuung sollten verschiedene Abteilungen sein, auch wenn sich ihre Aufgaben überschneiden. Würden sie fusioniert, würden ihre Ziele in Konflikt geraten (ein Ziel ist es, Verkäufe zu tätigen, und ein anderes ist es, sich um die Kunden zu kümmern).
- Bauen Sie von oben nach unten, indem Sie zuerst Manager einstellen, die Ihnen beim Bau der Maschine helfen können.
- Verschiedene Personen sind in verschiedenen Teilen des 5-Schritte-Prozesses gut. Bauen Sie ein Team auf, das sich im Inneren ergänzt.
- Machen Sie die Abteilungen autark, damit sie keine Ressourcen durch Bürokratie in Beschlag nehmen müssen.
- Richten Sie direkte, einzelne Berichtslinien ein, die sich nicht überschneiden.
  - Doppelte abteilungsübergreifende Zuständigkeiten führen zu Verwirrung, mit Ausnahme der Co-Leiter derselben Abteilung.
  - Schnappen Sie sich keine Leute aus anderen Abteilungen, es sei denn, Sie sprechen mit dem Manager.

- Reduzieren Sie das direkte Berichtsverhältnis von 1:5 auf 1:10.
- Setzen Sie sich mit dem Schlüsselkraftrisiko auseinander.
  - Bauen Sie ein Perpetuum mobile, das ohne Sie gut funktionieren kann.
  - Jede Schlüsselperson sollte mindestens eine Person haben, die sie ersetzen kann, so wie man Ersatzteile für Maschinen hat.
  - *Setzen Sie die nächste Generation von Führungskräften dem Denken und der Entscheidungsfindung aktueller Führungskräfte aus.*
  - Lassen Sie Nachfolger für eine Weile Ihren Job erledigen, um sie eingehend zu prüfen.
  - Umgekehrt kann niemand so wichtig sein, dass er unersetzlich ist.
- Schaffen Sie großartige Entscheidungsmaschinen, indem Sie die Kriterien, nach denen Sie Entscheidungen treffen, durchdenken, bevor und während Sie sie treffen.
- Bauen Sie bei Bedarf Schutzmechanismen zur Absicherung ein.
  - Nur, um guten Menschen zu helfen, besser zu funktionieren, nicht, um scheiternden Menschen zu helfen, die Messlatte zu erreichen.
  - Ein guter Schutz kann ein Teammitglied sein, dessen Stärken die eigenen Schwächen ausgleichen.
  - Verlassen Sie sich nicht darauf, dass Menschen sich selbst retten oder ihre eigene beste Lösung entwerfen.
- Fügen Sie die Unternehmensführung und gegenseitige Kontrolle hinzu.
  - Unternehmensführung ist das Aufsichtssystem, das Menschen und Prozesse entfernt, wenn sie versagen.
    - Selbst wohlwollende Führungskräfte neigen dazu, autokratischer zu werden, da sie nur wenig Zeit haben, schwierige Entscheidungen zu treffen, sie verlieren die Geduld mit Argumenten und geben stattdessen Befehle.

  - Hüten Sie sich vor Machtbereichen, bei denen persönliche Loyalität im Widerspruch zur Loyalität zum Unternehmen stehen kann.
  - Das Unternehmen sollte einen Vorstand haben, der bestimmt, ob die Personen, die das Unternehmen leiten, leistungsfähig sind. Der Vorstand kann CEOs auswählen, verwaltet das Unternehmen aber nicht im Mikromanagement.
    - Die Berichtslinien des Vorstands müssen unabhängig von den Berichtslinien des CEOs sein.
    - Der Vorstand muss den Mut haben, Menschen zur Verantwortung zu ziehen.
- Dalio glaubt, dass ein einzelner CEO nicht so gut ist wie eine große Gruppe von Führungskräften.
  - So hat Bridgewater Co-CEOs und drei CIOs.

Der 5-Schritte-Prozess, angewandt auf Unternehmen

Genau wie Einzelpersonen wenden Unternehmen den 5-Schritte-Prozess an, um sich zu entwickeln und sich kontinuierlich zu verbessern. Da es ein Unternehmen mit viel mehr Menschen zu tun hat, kann es noch komplizierter sein, die gesamten fünf Schritte durchzugehen.

Klare Ziele setzen

- *Machen Sie einen klaren „Vertrag" darüber, was die Erwartungen an die Arbeit sind.*
  - Ohne dies kann man die Menschen nicht dafür verantwortlich machen, dass die Erwartungen nicht erfüllt werden.
  - *Überprüfen Sie mindestens einmal im Quartal die Ziele, Aufgaben und Verantwortlichkeiten.*

- ☐ Seien Sie sich darüber im Klaren, wie Sie mit Ihren untergeordneten Zielen Ihre übergeordneten Ziele erreichen und wie diese sich an Ihren Werten orientieren.
- ☐ Wählen Sie großartige Kennzahlen.
  - ▹ *Stellen Sie sich die wichtigsten Fragen vor, auf die Sie Antworten brauchen, um zu wissen, wie es läuft.*
  - ▹ Sie sollten fast in der Lage sein, allein über Kennzahlen das Unternehmen zu managen.
- ☐ Erklären Sie die Prinzipien, die hinter Ihren Regeln stehen.
  - ▹ Dadurch geben die Menschen nicht nur Lippenbekenntnisse zu den Regeln ab. Ihre Ethik sollte sie dazu bringen, sich an die Regeln zu halten.
- ☐ Sondieren Sie tief und hart.
  - ▹ Überprüfen Sie die zwei Ihnen untergeordneten Ebenen. Lassen Sie sie nicht zögern, Probleme bis auf Ihre Ebene an Sie heranzutragen
  - ▹ Machen Sie die Sondierung transparent, um die Wahrscheinlichkeit zu erhöhen, recht zu haben (andere bewerten lassen) und den Glauben an ein ordnungsgemäßes Verfahren zu stärken.
  - ▹ Ziehen Sie an allen verdächtigen Fäden.
    - ▸ Kleine Probleme können symptomatisch für schwerwiegende Grundprobleme sein.
    - ▸ Stärken Sie eine Kultur der Exzellenz.
    - ▸ Stellen Sie sich vor, Ihre kleinen Probleme wären Abfall, über den Sie treten müssen, um durch den Raum zu gelangen. Die Probleme sind vielleicht nicht kritisch, aber es schadet nicht, den Müll aufzuheben, und es stärkt eine Kultur der Exzellenz.
  - ▹ Dalio bittet seine Untergebenen, sich 10 bis 15 Minuten Zeit zu nehmen, um einen Bericht über ihre Tagesaktivitäten, ihre Probleme und Überlegungen zu schreiben.

Identifizieren Sie Probleme und tolerieren Sie sie nicht.

- Es muss in Ordnung sein, Fehler zu machen, aber inakzeptabel, sie nicht zu identifizieren oder nicht aus ihnen zu lernen.
  - Die Menschen müssen die Lebensprinzipien aus Teil 1 des Buches, bei denen es um die Akzeptanz der Realität geht, verinnerlichen. Sie müssen ihren Schmerz als Wachstumschance begreifen und darüber nachdenken, was sie verbessern müssen.
  - *Feiern* Sie das Finden von Fehlern, da es Möglichkeiten zur Verbesserung der Maschine bietet.
  - Entlassen Sie niemanden, weil er einen Fehler gemacht hat – das motiviert dazu, Fehler zu verstecken.
  - Entlassen Sie jemanden, weil er einen Fehler versteckt hat.
  - *Die Menschen müssen Verantwortlichkeiten, mit denen sie nicht umgehen können, an ihre Vorgesetzten weiterleiten.*
- Weisen Sie den Menschen die Aufgabe zu, Probleme wahrzunehmen.
  - Sie sollten über unabhängige Berichtslinien verfügen, um Probleme zu vermitteln.
  - Lassen Sie so viele Augen wie möglich nach Problemen suchen.
- Hüten Sie sich vor:
  - Kochendes-Wasser-Syndrom: Die Menschen gewöhnen sich an Dinge, die sie schockieren würden, wenn sie sie mit frischem Auge betrachten würden.
  - Gruppendenken: Gehen Sie nicht davon aus, dass es kein Problem gibt, nur weil andere Leute nicht schreien. Andere Leute denken dasselbe.
- Führen Sie ein Fehlerprotokoll, um Fehler und Lösungen zu verfolgen.
  - Beobachten Sie Fehlermuster, um zu sehen, ob es sich um Signale für tatsächliche Schwächen handelt.

- Seien Sie bei Problemen sehr spezifisch.
  - Verallgemeinern Sie nicht. Benutzen Sie nicht „wir“ und „sie“.
  - Benennen Sie bestimmte Personen und bestimmte Instanzen. Jemand hat die Prozedur erstellt, die nicht funktioniert hat, oder die fehlerhafte Entscheidung getroffen.

Diagnostizieren Sie Probleme, um Ursachen zu finden.

- *Ein häufiger Fehler ist es, Probleme als Einzelfälle zu behandeln, anstatt Probleme mit der Maschine zu diagnostizieren.*
  - Kommen Sie auf die Ebene dessen, was an dem Menschen zu schlechten Ergebnissen geführt hat.
  - Grundursachen werden mit *Adjektiven* und nicht mit Verben beschrieben. „Sorglos“, „nicht gut ausgebildet“, „hat eine geringe Bandbreite“ vs. „vergessen, eine Mahnung zu schreiben“.
- Checkliste: Fragen, die gestellt werden sollten
  - Ist das Ergebnis gut oder schlecht?
  - Wer ist für das Ergebnis verantwortlich?
  - Ist die verantwortliche Person unfähig und/oder ist die Konstruktion schlecht?
  - Wie hätte die Maschine funktionieren sollen?
    - Bleiben Sie auf der Ebene, wer was tun soll, und nicht auf der Ebene der Verfahrensdetails.
  - Wenn die Maschine nicht funktioniert hat, was ist kaputtgegangen?
    - Eruieren Sie durch die vorherige Antwort, was kaputtgegangen ist. Das ist die unmittelbare Ursache.
  - Warum lief es nicht so, wie es sollte?
    - Stellen Sie 5-Why-Fragen.
    - Lokalisieren Sie ein bestimmtes Schlüsselattribut

(zum Beispiel keine gute Umsetzung, keine gute Problemwahrnehmung).

- *Wenn Attribut X beim nächsten Mal gut gemacht wird, wird das schlechte Ergebnis dann immer noch auftreten?*
  - Das heißt: Wenn wir dieses Teil reparieren würden, würde dies das Problem beheben?
- Wenn das Problem eine fehlerhafte Konstruktion ist, fragen Sie, wer verantwortlich war und ob er in der Lage ist, gut zu konstruieren.

- Ist die Grundursache ein Muster?
  - Von „Tom war nachlässig" zu „Tom ist oft nachlässig".
  - Wenn ja, ist dies auf die Schulung oder auf Unfähigkeit zurückzuführen?
- Wie sollten sich die Menschen/Maschinen dadurch entwickeln?
  - *Wer sollte was anders machen?*
  - Müssen Verantwortlichkeiten geklärt werden?
  - Müssen Maschinenkonstruktionen überarbeitet werden?
  - Muss die Eignung der Menschen neu bewertet werden?

- Bleiben Sie ruhig und rational.
  - Vermeiden Sie Besserwisserei: Bewerten Sie eine Entscheidung nicht mit dem Wissen, das Sie jetzt haben.
  - Verstehen Sie den Kontext, in dem sich die Person befand. Wäre diese Entscheidung so von einer „Qualitätsperson" getroffen worden?
- Grundursachen für Versagen von Managern:
  - Sie sind zu weit weg.
  - Sie haben Probleme, schlechte Qualität wahrzunehmen.
  - Sie haben sich daran gewöhnt, wie schlecht die Dinge sind.
  - Sie können nicht zugeben, dass sie nicht in der Lage sind, ihre eigenen Probleme zu lösen.

    - Sie befürchten negative Folgen, wenn sie ein Versagen zugeben.
- Gehen Sie einen Schritt zurück, bevor Sie vorwärtsgehen.
    - Überlegen Sie, wie die Maschine bisher funktioniert hat. Erzählen Sie die Geschichte, wie Sie bis dorthin gekommen sind.

Konstruktionsverbesserungen an Ihrer Maschine

- Nehmen Sie sich die Zeit, einen guten Plan zu entwickeln.
    - Das Team wird dann viel mehr Zeit damit verbringen, etwas zu „tun".
- Visualisieren Sie den Plan.
    - Stellen Sie sich vor (wie ein Filmskript), wer was wann tun wird, und das Ergebnis.
    - Versetzen Sie sich in den Workflow, um zu verstehen, womit Sie es zu tun haben.
- Visualisieren Sie alternative Maschinen und Ergebnisse.
    - Wenn etwas hart oder frustrierend ist, beziehen Sie andere mit ein. Entscheiden Sie sich nicht für die erste offensichtliche Lösung.
- Berücksichtigen Sie die Folgen 2. und 3. Ordnung.
- Bedenken Sie, dass das Problem in anderen Abteilungen auftreten kann.
- Nehmen Sie bei Bedarf Änderungen an der Organisationsstruktur vor.

Kümmern Sie sich um die Aufgaben, die zur Erledigung einer Sache erforderlich sind.

- Der größte Teil des Erfolgs rührt von der Erledigung des Alltagskrams her.
- Visualisieren Sie den Erfolg und sehnen Sie sich nach dem Gefühl, etwas erreicht zu haben, um das Scheitern zu überwinden.
- Erwarten Sie, dass die Dinge 1,5-mal so lange dauern und 1,5-mal so viel kosten.
- Verwenden Sie Checklisten.
- Entwickeln Sie gute Gewohnheiten durch Tools und Protokolle.
    - Lernen durch Erfahrung ist wirksamer.
    - Automatisieren Sie die Entscheidungsfindung, wenn möglich.
- Feiern Sie das Erreichen von Zielen und das Lösen von Problemen.
- [Dalio gibt nicht viele strategische Ratschläge, wie man ein Problem lösen kann, teils weil es zu fallbezogen ist, teils weil die Visualisierung von Lösungen seine Stärke ist und er nicht damit zu kämpfen hat.]

Verschiedene Punkte über die Arbeit

- Lassen Sie sich nicht unter Druck setzen.
  - Ignorieren Sie Drohungen mit Kündigung, Klage oder Peinlichkeiten in der Presse.
  - Sobald Sie nachgeben, ändert das die Spielregeln und öffnet Tür und Tor für weitere Drohungen.
- Große Führungskräfte suchen nach den besten Antworten, werden oft herausgefordert und appellieren an die Vernunft.
  - Das Manipulieren von Emotionen kann dazu führen, dass Menschen etwas ablehnen, nachdem sie noch einmal darüber nachgedacht haben.
  - Machen Sie sich keine Sorgen, ob Ihre Mitarbeiter Sie mögen.
  - Es ist nicht unlogisch zu glauben, dass man es besser weiß als der Durchschnittsmensch, solange man aufgeschlossen bleibt.
    - Wenn Sie keine besseren Einsichten haben, sollten Sie kein Anführer sein.
    - *Verwenden Sie für kritische Aufgaben „double-do" statt „double-check".*
  - Lassen Sie zwei Personen die gleiche Aufgabe erledigen, um zwei unabhängige Antworten zu erhalten.
  - Denken Sie daran, dass ein Double-Check nur von jemandem durchgeführt werden kann, der die Arbeit selbst erledigen kann.

Bridgewaters Werkzeuge

- Prinzipien
- Aufzeichnung aller Besprechungen
- Coach
  - Bibliothek mit allgemeinen Situationen (zum Beispiel „nicht einverstanden mit der Bewertung“), die mit relevanten Prinzipien verknüpft sind.
- „Dot collector“-App
- Baseballkarten
- Problem-Protokoll
  - Erfassen Sie Fehler mit Schweregrad und Verantwortlichen.
  - Gut, um Muster von Problemen zu erkennen
- „Pain button“-App
  - Sorgt für die Aufzeichnung, wie der Schmerz war, später dann für eine gesteuerte Reflexion
- Konfliktlöser
  - Bietet Wege zur Lösung von Meinungsverschiedenheiten auf ideen-meritokratische Weise.
- Tägliches-Update-Tool
  - Jeder Untergebene nimmt sich 10 bis 15 Minuten Zeit für eine E-Mail über seine Tagesaktivitäten, die aufgetretenen Probleme und Überlegungen.
- Vertrags-Tool
  - Überwachung der gegenseitigen Verpflichtungen, zum Beispiel zu erbringende Leistungen und Fristen.
- Prozess-Flussdiagramm
  - Visualisieren Sie das Unternehmen als Maschine.

Sonstige Punkte

Sonstige Prinzipien

- Es ist wichtig, sich nicht aus dem Spiel werfen zu lassen. Also scheitern Sie nicht in zu großem Stil und minimieren Sie die Verluste.
  - Dalio hat Menschen in so großem Stil wetten sehen, dass sie sich selbst ruiniert haben: Bunker Hunt, der versuchte, den weltweiten Silbermarkt zu verknappen; Alan Bond, der wettete, dass der US-Dollar nicht gegen den Australischen Dollar steigen würde, und sich nicht durch Hedges absicherte.
- *Diversifizieren Sie, indem Sie unkorrelierte Wetten zusammenstellen.*
  - Ein paar gute unkorrelierte Ertragsflüsse zu haben ist besser als nur einen zu haben.
- Unkorrelierte Wetten erhöhen das Rendite-Risiko-Verhältnis und schützen vor inakzeptablen Kursrückgängen.
- Händler und Unternehmer müssen richtig gegen den Konsens wetten. Das bedeutet auch, dass man öfter als üblich falschliegt.
- Positive Kreisläufe
  - Mutige Ziele setzen → scheitern → Prinzipien lernen → Erfolgschancen verbessern → Ziele erreichen → gewagte Ziele setzen
- Die Menschen erwarten, dass die Zukunft eine leicht modifizierte Version der Gegenwart sein wird, aber sie ist meist ganz anders.
  - Die meisten Menschen sind eher emotional als logisch und reagieren daher aufgrund ihres Gefühls überzogen auf kurzfristige Ergebnisse (zum Beispiel indem sie billig verkaufen und teuer kaufen).

- Herdenverhalten
  - Wenn alle das Gleiche denken (dass etwas eine sichere Wette ist), ist das bereits im Kurs eingepreist, und darauf zu wetten erweist sich wahrscheinlich als Fehler.
- Wenn die Menschen sehr pessimistisch sind, kommt es zum Ausverkauf und die Preise werden sehr günstig.
- Meditation schafft eine Gelassenheit, die klareres und kreativeres Denken ermöglicht.
- Wenn das, was Sie erwarten, nicht mit dem übereinstimmt, was passiert, ist unklar, ob Sie eine große Chance oder einen großen Fehler vor sich haben.

Diverse Anekdoten

- Dalio begann mit „Daily Observations", um Kunden skalierbar zu beraten, damit andere seine Logik verstehen und verbessern konnten; und um sich zu zwingen, täglich zu recherchieren und zu reflektieren.
- Lehnen Sie gute Alternativen ab, um noch bessere zu verfolgen.
  - In den 1990er-Jahren gründete Bridgewater eine chinesische Investment-Niederlassung, die Dalio aufgrund der Doppelbelastung nach einem Jahr wieder schloss.
  - Dalio erstellte keine Anlageprodukte, nur weil sie sich gut verkaufen würden, wenn sie für ihn nicht interessant waren oder sich nicht mit seinen Werten deckten.
- Er hatte sowohl McDonald's als auch Lane Processing (Geflügel) als Kunden. McDonald's befürchtete, dass die Hähnchenpreise seine Margen beim McNugget drücken könnten. Die Hähnchenproduzenten wollten keine Festpreise angeben, weil sie befürchteten, durch steigende Kosten unter Druck zu geraten.
  - Dalio zeigte Lane, wie es mithilfe von Mais- und Soja-Futures die Kosten eindämmen konnte, sodass es einen

Festpreis anbieten konnte. McDonald's fühlte sich sicherer und brachte den McNugget heraus.

- Dalio verband Familie und Arbeit, wann immer er konnte, indem er zum Beispiel seine Kinder auf Geschäftsreisen mitnahm und das Bridgewater-Büro auf dem gleichen Grundstück hatte, auf dem seine Familie wohnte.
- Dalio überlegte, wie er sein Vermögen langfristig in eine Investmentgesellschaft investieren könnte. In Anbetracht der Tatsache, dass es nur zwei große Kräfte gab, um die man sich Sorgen machen musste – Wachstum und Inflation –, schuf er ein „Allwetter-Portfolio", das in allen vier Quadranten (steigendes Wachstum und steigende Inflation et cetera) gut abschneiden würde. Das bezeichnet man heute als Anlage mit „Risikoparität".
- Dalio will, dass seine Nachkommen sich selbst durchkämpfen und dadurch stark werden, also überlässt er ihnen nicht sein ganzes Geld.

Warnzeichen, auf die man achten sollte

- Menschen, die Aussagen mit geringem Selbstvertrauen machen und darauf bestehen, dass es sich um implizite Fragen handelt, aber eigentlich handelt es sich um passiv-aggressive Engstirnigkeit.
  - „Ich könnte mich irren, aber hier ist meine Meinung."
- „Ich glaube, dass X wahr ist" oder „Ich denke, dass" – ein Zeichen dafür, dass die Person vielleicht nicht die Fakten berücksichtigt.
- Wenn jemand Ausnahmen und Grenzfälle aufzeigt, anstatt alle Vor- und Nachteile abzuwägen und sich im Großen und Ganzen darauf zu konzentrieren, ob etwas wahr ist.
  - Dies deutet auf Menschen hin, die Erwartungswerte und Wahrscheinlichkeiten nicht abwägen können. Sie könnten schlechte Entscheidungsträger sein.

- ▫ Fragen Sie: „Wie läuft es mit Ziel X?“ Wenn sie antworten, indem sie Aufgaben auflisten, anstatt eine Zusammenfassung anzubieten, dann neigen sie dazu, Ziele und Aufgaben zu verwechseln, und können nicht mit Verantwortlichkeiten betraut werden.
- ▫ Erkennen Sie anhand von sympathischen Reaktionen (Straffung der Brust, höherer Blutdruck, Herzfrequenz), dass Ihr emotionales Ich die Kontrolle übernimmt.
- ▫ Durchsetzungsstarke schnelle Redner: Sie sagen Dinge durchsetzungsstark und schneller, als sie verstanden werden können, um Einwände zurückzudrängen; besonders effektiv gegenüber Menschen, die sich Sorgen machen, dumm auszusehen.
  - ▹ Bremsen Sie sie und entschuldigen Sie sich wenn nötig dafür, dass Sie langsam sind.
- ▫ Jemand, der „wir“ sagt, um einen Fehler zu entpersönlichen.
- ▫ „Wir sollten X machen“: Das ist eine unscharfe Lösung für ein Problem, das nicht gelöst werden wird, es sei denn, es werden bestimmte Personen oder Fristen zugewiesen.